Erik Wischnewski

100 Rezepte für Turbo Pascal

Aus dem Bereich Computerliteratur

Effektiv Starten mit Turbo C++
von Axel Kotulla

Turbo Pascal 6.0
von Martin Aupperle

Arbeiten mit MS-DOS QBasic
von Michael Halvorson und David Rygmyr
(Ein Microsoft Press / Vieweg-Buch)

Microsoft BASIC PDS 7.1
von Frederik Ramm

Effektiv Starten mit Visual Basic
von Dagmar Sieberichs und Hans-Joachim Krüger

MS-DOS Profi Utilities mit Turbo Pascal
von Georg Fischer

100 Rezepte für Turbo Pascal
von Erik Wischnewski

Objektorientiert mit Turbo C++
von Martin Aupperle

Effektiv Starten mit Turbo Pascal 6.0
von Axel Kotulla

Grafik und Animation in C
von Herbert Weidner und Bernhard Stauss

Programmierung des OS/2 Extended Edition Database Manager
von Edgar Zeit

Grafikprogrammierung mit Microsoft C und Microsoft Quick C
von Kris Jamsa (Ein Microsoft Press / Vieweg-Buch)

Vieweg

Erik Wischnewski

100 REZEPTE FÜR TURBO PASCAL

Programmiertips mit Pfiff für Einsteiger und Fortgeschrittene

Die Deutsche Bibliothek - CIP-Einheitsaufnahme

Wischnewski, Erik:
100 Rezepte für Turbo Pascal: Programmiertips mit Pfiff für Einsteiger und Fortgeschrittene / Erik Wischnewski. - Braunschweig; Wiesbaden: Vieweg, 1992
ISBN 978-3-528-05201-0 ISBN 978-3-322-91961-8 (eBook)
DOI 10.1007/978-3-322-91961-8

NE: Wischnewski, Erik: Hundert Rezepte für Turbo Pascal

Das in diesem Buch enthaltene Programm-Material ist mit keiner Verpflichtung oder Garantie irgendeiner Art verbunden. Der Autor und der Verlag übernehmen infolgedessen keiner Verantwortung und werden keine daraus folgende oder sonstige Haftung übernehmen, die auf irgendeine Art aus der Benutzung dieses Programm-Materials oder Teilen davon entsteht.

Der Verlag Vieweg ist ein Unternehmen der Verlagsgruppe Bertelsmann International.

Umschlaggestaltung: Schrimpf & Partner, Wiesbaden

ISBN 978-3-528-05201-0

VORWORT

Mit diesem Buch wird Ihnen als Pascal-Einsteiger eine Hilfe an die Hand gegeben, mit der Sie Ihre ersten Anwendungen programmieren können. Aber auch als fortgeschrittener Anwender werden Sie zahlreiche Tips und Tricks finden, auf die Sie schon lange gewartet haben. Sie werden erstaunt sein, wieviel Ihnen geboten wird. Insgesamt finden Sie nicht nur - wie im Titel versprochen - 100, sondern sogar 103 wertvolle Rezepte für TurboPascal zusammengetragen.

Jedes Rezept enthält außer einer nützlichen Prozedur oder Funktion auch ein interessantes Anwendungsbeispiel, wie etwa trigonometrische Berechnungen, Umrechnungen von Temperaturen oder U-Boot versenken. Jedes Rezept bringt Ihnen einen vollen Lernerfolg. Sie werden nach wenigen Minuten bereits Ihre ersten Programme geschrieben haben.

Sie können die Rezepte direkt als Bibliothek übernehmen oder auf Ihnen aufbauend eigene Anwendungen daraus gestalten. Zur Erhaltung der Übersicht wird nur das Wesentliche als Programmcode wiedergegeben. Im fortgeschrittenen Stadium gehen Programmierer im allgemeinen dazu über, möglicherweise auftretende Fehler abzufangen und zu bearbeiten. In diesem Büchlein wird bewußt darauf verzichtet, da anderenfalls der Umfang dreimal so groß geworden wäre. Es gibt nur wenige Ausnahmen, bei denen neben einer gekürzten Version auch eine kompliziertere Vollversion als Rezept zu finden ist.

Sollten Sie keine Lust haben, die zahlreichen Tips und Programmbeispiele selbst einzutippen, können Sie den gesamten Quellcode dieses Buches in lauffähiger Form (Units und Programme) bei mir für 29.80 DM erwerben (Heinrich-Heine-Weg 13, W-2358 Kaltenkirchen).

Die Rezepte sind zu Themenbereichen zusammengefaßt, deren Anfangsbuchstabe gleichzeitig zur Numerierung dient. Die einzelnen Rezepte sind nach folgendem Schema gegliedert:

Funktion
In diesem Abschnitt wird die Aufgabe der Prozedur erläutert.

TurboPascal-Code
Dieser Abschnitt enthält den Programmcode (Listing).

Anwendung
In diesem Abschnitt wird eine typische Anwendung demonstriert. Sie zeigt, wie die beschriebene Prozedur verwendet wird.

Hinweis
Dieser Abschnitt enthält einige nützliche Anmerkungen zur Prozedur.

Inbesondere bei den Anwendungen wurde in den meisten Fällen darauf verzichtet, die notwendigen Deklarationen mitzuschreiben. Es genügt also nicht, nur die abgedruckten Zeilen einzutippen, vielmehr muß man das Programm mit dem pascaltypischen Drumherum ergänzen.

Wenn Sie einen Fehler in diesem Büchlein entdecken, so ärgern Sie sich nicht, sondern sehen es als positiven Lernerfolg an, denn Sie haben über den Stoff des Buches hinaus einen so tiefen Einblick in die Pascalwelt gefunden, daß Sie in der Lage sind, den Fehler als solchen zu erkennen (Sie wissen ja: »Aus Fehlern wird man klug!«).

Kaltenkirchen, November 1991 Erik Wischnewski

Inhaltsverzeichnis

A ALLGEMEINES

A.1 Entfernen von Leerzeichen

Beseitigt führende und nachfolgende Leerzeichen (Blanks) eines Strings. Je nach Parameter I werden der übergebenen Stringvariablen X nur die führenden oder die nachfolgenden Leerzeichen entfernt. Wird I = -1 gesetzt, so werden nur die vorderen Leerzeichen entfernt. Bei I = 1 werden die hinteren Leerzeichen entfernt, bei I = 0 werden die vorderen und hinteren Leerzeichen beseitigt.

Diese Funktion ist bei Vergleichen von Bedeutung. Wird z.B. ein Dateiname eingegeben, so sollte dieser keine führenden und nachfolgenden Leerzeichen enthalten. Vor allem die letzteren sind von Übel, wenn noch die Dateiendung (.EXT) angehängt werden soll.

```
PROCEDURE BlanksWeg (VAR X: String;
                         I: ShortInt);

VAR
  X1: String [1];          { linkes/rechtes Zeichen eines Strings }

BEGIN
  CASE I OF
   -1: REPEAT
         X1 := Copy (X,1,1);
         IF X1 = ' ' THEN Delete (X,1,1);
       UNTIL X1 <> ' ';
    0: BEGIN
         REPEAT
           X1 := Copy (X,1,1);
           IF X1 = ' ' THEN Delete (X,1,1);
         UNTIL X1 <> ' ';
         REPEAT
           X1 := Copy (X,Length(X),1);
           IF X1 = ' ' THEN Delete (X,Length(X),1);
         UNTIL X1 <> ' ';
       END;
    1: REPEAT
         X1 := Copy (X,Length(X),1);
         IF X1 = ' ' THEN Delete (X,Length(X),1);
       UNTIL X1 <> ' ';
  END;
END;
```

Angenommen Sie haben eine Reihe von Strings und wollen diese linksbündig untereinander schreiben. Sie wissen aber nicht, ob alle Strings auch vorne beginnen oder ob zunächst einige Leerzeichen kommen. In diesem Fall wenden Sie die Prozedur *BlanksWeg* an:

```
FOR I := 1 TO AnzahlWorte DO
BEGIN
  BlanksWeg (Wort[I],-1);           { entfernt führende Leerzeichen }
  WriteLn (Wort[I]);
END;
```

In diesem Beispiel wird der ursprüngliche Inhalt der Strings verändert. Soll dies nicht geschehen, müssen Sie die Strings *Wort[..]* zuvor umspeichern.

In den meisten Fällen wird man als Parameter I = 0 übergeben, um damit alle Leerzeichen, die den String umgeben, zu entfernen. In speziellen Fällen möchte man aber eventuell nachfolgende Leerzeichen haben oder man möchte die benötigte Rechenzeit verkürzen, so daß in diesen Fällen der Parameter I auf -1 oder 1 gesetzt wird.

Übergibt eine beliebige Taste an den Tastaturpuffer. Mit dieser Prozedur kann eine Tastatureingabe im Programm emuliert werden. Dies kann notwendig werden, wenn beispielsweise eine Prozedur verwendet werden soll, die normalerweise zu Beginn einen bestimmten Tastendruck erwartet, und nun aber automatisch (ohne erneuten Tastendruck) einen gewünschten Verlauf nehmen soll.

Die Tasten werden als 2-Byte-Code abgespeichert. Die normalen Tasten besitzen als erstes Byte (Asc1) den ASCII-Code des Zeichens und als zweites Byte (Asc2) eine Null. Die Funktions- und Cursortasten besitzen einen erweiterten Tastencode, der mit einer Null beginnt.

```
PROCEDURE TastaturPuffer (Asc1,Asc2: Byte);

BEGIN
  Mem [$0040:$001C] := Mem [$0040:$001A] + 2;
  IF Mem [$0040:$001C] >= $3E THEN
    Mem [$0040:$001C] := Mem [$0040:$001C] - $20;
  Mem [$0040:Mem [$0040:$001A]]     := Asc1;
  Mem [$0040:Mem [$0040:$001A] + 1] := Asc2;
END;
```

Wie oben bereits erwähnt, ist eine typische Anwendung beim Aufruf einer Prozedur gegeben, die zu Beginn einen bestimmten Tastendruck erwartet (zum Beispiel: D für Druckerausgabe und B für Bildschirmausgabe). Nun soll diese Prozedur aber für einen speziellen Anwendungsfall sofort eine Bildschirmausgabe ausführen. In diesem Falle wäre unmittelbar vor Aufruf der Prozedur ein B in den Tastaturpuffer zu schreiben.

```
BEGIN
  ...
  TastaturPuffer (66,0);                    { Buchstabe B }
  Ausgabe;
  ...
  TastaturPuffer (Ord('B'),0);              { Buchstabe B }
  ...
  TastaturPuffer (0,59);                    { Funktionstaste F1 }
  ...
END.
```

Die zu übergebenden Codes sind dezimal. Bei ASCII-Zeichen kann das erste Byte entweder als Zahl oder als Zeichen, welches mit der TurboPascal-Funktion *Asc* in ein Byte gewandelt wird, übergeben werden.

Ein vorgegebenes Zeichen wird entsprechend der übergebenen Anzahl zu einer Zeichenkette zusammengesetzt. Die maximale Länge wird auf 255 begrenzt.

```
FUNCTION Kette (Anzahl:  Integer;
                Zeichen: Char    ): String;

VAR
  HilfsKette: String;

BEGIN
  HilfsKette := '';
  IF Anzahl > 255 THEN  Anzahl := 255;
  IF Anzahl > 0 THEN
  BEGIN
    HilfsKette [0] := Chr (Anzahl);
    FillChar (HilfsKette[1],Anzahl,Zeichen);
  END;
  Kette := HilfsKette;
END;
```

Die Aufrufe

```
WriteLn (Kette (10,Chr(205)));
WriteLn (Kette (10,'='));
```

erzeugen jeweils die Ausgabe der Doppellinie:

══════════

Innerhalb der Funktion wird zunächst die Variable *HilfsKette* als Leerstring vorbesetzt. Wenn die Anzahl der Zeichen größer als 0 ist (sonst bleibt es beim Leerstring), wird diese Anzahl als Chr in das Element 0 des Strings *HilfsKette* geschrieben (Strings sind Char-Arrays, bei denen im Element 0 die Länge steht). Anschließend wird mit Hilfe der Pascal-Prozedur *FillChar* der Speicherplatz ab der ersten Position im String mit dem gewünschten Zeichen gefüllt und zwar sooft wie die Anzahl angibt.

Es ist typisch für Funktionen, nicht sofort mit dem Funktionswert (im obigen Beispiel also *Kette*) zu arbeiten, sondern zunächst eine Hilfsvariable zu verwenden. Anderenfalls kann es sonst zu sich wiederholenden (rekursiven) Aufrufen der Funktion kommen.

A.4 Buchstabe in Großschrift umwandeln 5

Umwandlung eines beliebigen Buchstabens in Großschrift. Funktioniert wie die TurboPascal-Funktion *UpCase*, schließt aber die deutschen Umlaute ein.

```
FUNCTION UpperCase (Ch: Char): Char;

BEGIN
  CASE Ch OF
    'ä': UpperCase := 'Ä';
    'ö': UpperCase := 'Ö';
    'ü': UpperCase := 'Ü';
    ELSE UpperCase := UpCase (Ch);
  END;
END;
```

Der Aufruf ist sehr einfach und wird zum Beispiel oft bei Menüs verwendet. Wenn Sie ein Menü auf dem Bildschirm stehen haben und nun mittels einer Taste (z.B. A, B, C oder D) ein Programm starten wollen, dann müssen Sie auch der Tatsache Rechnung tragen, daß der Bediener statt des Großbuchstabens A eventuell den Kleinbuchstaben a eintippt. Solange Sie keine Umlaute erfassen wollen, können Sie auch die TurboPascal-Funktion *UpCase* direkt verwenden, anderenfalls ist *UpperCase* notwendig.

```
BEGIN
  Ch := ReadKey;
  CASE UpperCase(Ch) OF
    'A': ErstesProgramm;
    'B': ZweitesProgramm;
    'C': DrittesProgramm;
    'D': ViertesProgramm;
  END;
END.
```

Alternativ hätte man natürlich auch auf die Funktion *UpperCase* verzichten können und stattdessen den *CASE*-Teil wie folgt formuliert:

```
CASE Ch OF
  'A','a': ErstesProgramm;
  'B','b': ZweitesProgramm;
  'C','c': DrittesProgramm;
  'D','d': ViertesProgramm;
END;
```

Ohne Zweifel ist die erste Methode eleganter.

Obwohl das ß auch zu den deutschen Umlauten gehört, ist es nicht mit aufgeführt, da es kein großes ß gibt.

A.5 String in Großschrift umwandeln

Wandelt alle Zeichen eines Strings (Zeichenkette) in Großbuchstaben um. Diese Prozedur benötigt man unbedingt für Vergleiche oder Suchaktionen, bei denen es auf die Groß-/Kleinschreibweise nicht ankommt (oder wie TurboPascal sagt, nicht *CASE-sensitiv*). Dazu wird die Funktion *UpperCase* (siehe A.4) verwendet.

```
PROCEDURE UpperString (VAR S: String);

VAR
  I: Byte;

BEGIN
  FOR I := 1 TO Length (S) DO   S [I] := UpperCase (S [I]);
END;
```

Mit der Prozedur *ReadDir* (siehe D.1) werden die Namen vorhandener Dateien mit der Endung .DAT aus dem Pfad \DATEN eingelesen. Diese sind in Großschrift im Array *DateiArr* abgelegt. Nun soll ein eingegebener Dateiname damit verglichen werden. Dazu muß dieser ebenfalls in Großschrift gewandelt werden.

```
BEGIN
  ReadDir ('\DATEN\','.DAT',AnzahlDateien,DateiArr);
  ReadLn (DateiName);
  UpperString (DateiName);
  I := 1;
  WHILE (I < AnzahlDateien) AND (DateiArr[I] <> DateiName) DO  Inc(I);
  IF DateiArr[I] = DateiName THEN
    FehlerMeldung ('Datei schon vorhanden!');
END.
```

In der *WHILE*-Schleife werden alle vorhandenen Dateien (bis auf die letzte, also von 1 bis AnzahlDateien-1) überprüft. Bei Gleichheit oder bei I = AnzahlDateien wird die Schleife beendet. Ist das Abbruchkriterium die Gleichheit der Dateinamen gewesen, dann wird eine *FehlerMeldung* ausgegeben (siehe B.11).

Der Prozedur *UpperString* wird die zu wandelnde Zeichenkette als Variable S übergeben. Der gewandelte String wird ebenfalls mit derselben Variablen zurückgegeben, so daß die alte Zeichenkette nicht mehr existiert.

A.6 Einlesen einer Taste 7

Wartet auf einen Tastendruck und gibt die gedrückte Sondertaste vom Typ *TastenTyp* als Funktionswert sowie das erste Zeichen als *Char* zurück. Bei normalen Zeichen ist die Sondertaste auf *None* gesetzt. Der *TastenTyp* muß zuvor im aufrufenden Programm deklariert sein.

```
FUNCTION LeseTaste (VAR Ch: Char): TastenTyp;
BEGIN
  LeseTaste := None;
  Ch := ReadKey;
  CASE Ord (Ch) OF
    8:  LeseTaste := BS;
    13: LeseTaste := CR;
    27: LeseTaste := Esc;
    0:  CASE Ord (ReadKey) OF
          59: LeseTaste := F1;
          60: LeseTaste := F2;
          61: LeseTaste := F3;
          62: LeseTaste := F4;
          63: LeseTaste := F5;
          64: LeseTaste := F6;
          65: LeseTaste := F7;
          66: LeseTaste := F8;
          67: LeseTaste := F9;
          68: LeseTaste := F10;
          71: LeseTaste := Pos1;
          72: LeseTaste := Up;
          73: LeseTaste := PgUp;
          75: LeseTaste := Left;
          77: LeseTaste := Right;
          79: LeseTaste := Ende;
          80: LeseTaste := Down;
          81: LeseTaste := PgDn;
          82: LeseTaste := Ins;
          83: LeseTaste := Del;
        END;
  END;
END;
```

Jedes Anwendungsprogramm muß zunächst den *TastenTyp* definieren. Dies kann natürlich auch in einem Unit (z.B. *Global*) erfolgen, welches grundsätzlich zu Beginn gemeinsam mit den Units *Dos* und *Crt* mit *USES* geladen wird.

```
TYPE  TastenTyp = (None,BS,CR,Esc,F1,F2,F3,F4,F5,F6,F7,F8,F9,F10,
                   Up,Down,Left,Right,Pos1,Ende,PgUp,PgDn,Ins,Del);
```

Eine typische Anwendung finden Sie im Rezept B.14, welches das Editieren eines Feldes beschreibt. Eine einfache Anwendung wäre auch das folgende Beispiel:

```
REPEAT
  Taste := LeseTaste (Ch);
  IF Taste = None THEN
    CASE Ch OF
      'A': ErstesProgramm;
      'B': ZweitesProgramm;
      'C': DrittesProgramm;
    END;
UNTIL Taste = Esc;
```

Die Bezeichnungen F1..F10 usw. können Sie im *TastenTyp* nach Ihrem Geschmack definieren. Sie können auch noch die restlichen, nicht definierten Sondertasten (wie z.B. AltF1..AltF10, CtrlHome, usw.) hinzufügen, und dies nicht nur im *TastenTyp*, sondern auch im *CASE*-Teil von *LeseTaste*.

8 A.7 Erstellen eines Menüs

Ermöglicht die Ausgabe eines Menüs auf dem Bildschirm sowie die anschließende Auswahl eines Menüpunktes durch den Bediener.

```
PROCEDURE AuswahlMaske;
BEGIN
  ClrScr;
  GotoXY (30,7);   WriteLn ('N      Neueintragung');
  GotoXY (30,9);   WriteLn ('Ä      Änderung');
  GotoXY (30,11);  WriteLn ('L      Löschung');
  GotoXY (30,13);  WriteLn ('T      Tabelle');
  GotoXY (30,17);  WriteLn ('Esc    Abspeichern und Ende');
END;

REPEAT
  AuswahlMaske;
  Taste := LeseTaste (Ch);
  CASE Taste OF
    Esc:  Abspeichern;
    None: CASE UpperCase(Ch) OF
            'N': Neueintragung;
            'Ä': Aenderung;
            'L': Loeschung;
            'T': Tabelle;
          END;
  END;
UNTIL  Taste = Esc;
```

Dieses oder ein ähnliches Menü findet in jedem Programm Verwendung. Es ist der wesentliche Bestandteil des Hauptprogramms, während alle Funktionen des Programms in einzelnen Modulen (Prozeduren) untergebracht werden. Der Grobaufbau eines Programms könnte wie folgt aussehen:

```
PROGRAM Test;

USES Dos,Crt,Global;        { Global enthält z.B. TYPE TastenTyp;
                                                 VAR  Taste, Ch;
                                                 FUNCTION LeseTaste;
                                                 FUNCTION UpperCase; }
CONST ...
TYPE  ...
VAR   ...

PROCEDURE Neueintragung;  ...
PROCEDURE Aenderung;      ...
PROCEDURE Loeschung;      ...
PROCEDURE Tabelle;        ...
PROCEDURE Abspeichern;    ...

PROCEDURE AuswahlMaske;
BEGIN
  ...
END;

BEGIN
  REPEAT
    ...
  UNTIL Taste = Esc;
END.
```

Die Module *Neueintragung*, *Aenderung*, *Loeschung*, *Tabelle* und *Abspeichern* sind Beispiele, die natürlich im individuellen Einzelfall noch zu schreiben sind. Es ist notwendig, innerhalb dieser Module zunächst den Bildschirm mit *ClrScr* zu säubern.

A.8 Ausgabe von Datum, Wochentag und Uhrzeit 9

Gibt das aktuelle Datum, den Wochentag und die momentane Uhrzeit zurück. Dabei wird auf die TurboPascal-Funktionen *GetDate* und *GetTime* zurückgegriffen. Diese geben aber nur einen Zahlencode aus, der mit Hilfe der nachstehenden Prozedur in eine lesbare Form umgewandelt wird.

```
PROCEDURE DatumZeit (VAR Kalender: DatumZeitRec);

CONST
  Wochentag:  ARRAY [0..6]  OF STRING [2] =
                ('So','Mo','Di','Mi','Do','Fr','Sa');
  Monatsname: ARRAY [1..12] OF STRING [4] =
                ('Jan.','Feb.','Mrz.','Apr.','Mai ','Jun.','Jul.',
                 'Aug.','Sep.','Okt.','Nov.','Dez.');
VAR
  Std,Min,Sek,Sek100:         Word;
  GJahr,GMonat,GTag,GWoTag:   Word;
  H,M,S,HH,MM,SS:             STRING [2];
  Mo,T:                       STRING [4];

BEGIN
  WITH Kalender DO
  BEGIN
    GetTime (Std,Min,Sek,Sek100);            { Uhrzeit }
    Str (Std,H);
    Str (Min,M);
    Str (Sek,S);
    HH := Copy ('0'+H,Length(H),2);
    MM := Copy ('0'+M,Length(M),2);
    SS := Copy ('0'+S,Length(S),2);
    Zeit := HH + ':' + MM + ':' + SS;
    GetDate (GJahr,GMonat,GTag,GWoTag);      { Datum/Wochentag }
    Str (GJahr,Jahr);
    Str (GMonat,Mo);
    Str (GTag,T);
    Monat := Copy ('0'+Mo,Length(Mo),2);
    Tag   := Copy ('0'+T,Length(T),2);
    GregDatum := T + '.' + Monatsname [GMonat] + Jahr;
    WoTag := Wochentag [GWoTag];
  END;
END;
```

Der Aufruf dieser Prozedur erfordert die Deklaration eines neuen Typs mit dem Namen *DatumZeitRec*, der zur Deklaration der Variablen *Kalender* benötigt wird.

```
PROGRAM AnzeigeDatumUhrzeit;
USES Dos,Crt;
TYPE DatumZeitRec = RECORD
                      GregDatum: STRING [12];     { z.B. 3.Aug.1953 }
                      Tag:       STRING [2];      { z.B. 03 }
                      Monat:     STRING [2];      { z.B. 08 }
                      Jahr:      STRING [4];      { z.B. 1953 }
                      WoTag:     STRING [2];      { z.B. Mo }
                      Zeit:      STRING [8];      { z.B. 18:10:05 }
                    END;
VAR Kalender: DatumZeitRec;
    AktDatum: STRING [10];
BEGIN
  DatumZeit (Kalender);
  WITH Kalender DO WriteLn (WoTag+', den '+GregDatum+', '+Zeit+' MEZ');
  WITH Kalender DO AktDatum := Tag + '.' + Monat + '.' + Jahr;
END.
```

Die Art der Ausgabe (und des Rekords) kann natürlich beliebig variiert werden.

A.9 Ausgabe der aktuellen Zeit in Sekunden

Gibt die aktuelle Systemzeit des Rechners in Sekunden aus. Diese Zeitzählung beginnt beim Einschalten des Rechners. Die Uhr wird mit 18.206 Hz getaktet, was einer Genauigkeit von 55 ms entspricht. Die Ausgabe der Zeit erfolgt in Hundertstel Sekunden (10 ms).

```
FUNCTION Zeit: Real;

VAR
  Reg: Registers;

BEGIN
  WITH Reg DO
  BEGIN
    AH := 44;
    MSDOS (Reg);
    Zeit := 3600.0*CH + 60*CL + DH + DL/100;
  END;
END;
```

Eine einfache und doch sehr häufige Anwendung ist die Stoppuhr. Es soll beispielsweise getestet werden, wie lange die Ausführung der Pascal-Funktion *Sin* dauert.

```
VAR
  Startzeit: Real;
  X:         Real;
  I:         Word;

BEGIN
  Startzeit := Zeit;
  FOR I := 1 TO 1000 DO  X := Sin (I);
  WriteLn (Zeit-Startzeit:8:3,' ms/Sinusaufruf');
END.
```

Da der Sinus tausendmal aufgerufen wird, ist die Zeit pro Sinusaufruf ein Tausendstel der Zeitdifferenz (Zeit-Startzeit). Da aber die Zeit pro Sinusaufruf in ms ausgedrückt werden soll, muß dieses Ergebnis wieder mit 1000 multipliziert werden, so daß man gleich die Zeitdifferenz als ms verwenden kann.

Bei einem AT-286 mit 8 MHz dauert ein Sinusaufruf etwa 1.3 ms.

Die Register C und D enthalten die Uhrzeit, wobei das höherwertige Byte CH (High) die Stunden und das geringerwertige Byte CL (Low) die Minuten enthält. Beim Register D enthält das Byte DH die Sekunden und das Byte DL die Hunderstel Sekunden.

A.10 Erzeugen einer Pause

Wartet eine vorgegebene Zeit in einer Warteschleife oder bricht diese auf Tastendruck ab. Die Länge der Pause wird in Sekunden übergeben. Im Gegensatz zur TurboPascal-Prozedur *Delay* kann diese Pause mit einem beliebigen Tastendruck abgebrochen werden.

```
PROCEDURE Pause (Dauer: Real);

VAR
  Startzeit: Real;
  Ch:        Char;

BEGIN
  Startzeit := Zeit;
  REPEAT UNTIL (Zeit-Startzeit > Dauer) OR KeyPressed;
  IF KeyPressed THEN
  BEGIN
    Ch := ReadKey;
    IF KeyPressed THEN  Ch := ReadKey;
  END;
END;
```

Eine häufige Anwendung ist bei Bildschirmausgaben gegeben. Nachdem Sie Ihre Daten auf dem Bildschirm ausgegeben haben, wollen Sie natürlich auch Gelegenheit haben, diese in Ruhe zu lesen. Sie müssen also eine Pause einlegen, die Sie aber auch jederzeit gerne abkürzen möchten, wenn Sie mit dem Lesen schon früher fertig sind.

```
BEGIN
  ...
  Berechnungen;
  BildschirmAusgabe;
  Pause (60);                    { 1 Minute }
  ...
END.
```

Diese Prozedur verwendet die in Rezept A.9 beschriebene Funktion *Zeit*, die die momentane Systemzeit des Rechners ausliest.

Die beiden *ReadKey*-Befehle dienen lediglich dazu, daß die jeweils gedrückten Tasten aus dem Tastaturpuffer gelesen werden. Sie werden im weiteren aber nicht benötigt.

12

B BILDSCHIRM

Oft benötigte Konstanten, Typen, Variablen, Funktionen und Prozeduren sollten in einem separaten Unit (zum Beispiel mit dem Namen *Global*) zusammengefaßt werden. Als Beispiel wird hier die Deklaration der für die Erzeugung von Masken benötigten IBM-Graphikzeichen behandelt.

```
CONST

  { Maskensymbole }

  { A = Außen      L = Links      O = Oben       W = Waagerecht }
  { I = Innen      R = Rechts     U = Unten      S = Senkrecht  }

  AOL: Byte = 201;    { ╔ }
  AOI: Byte = 209;    { ╤ }
  AOR: Byte = 187;    { ╗ }
  ALI: Byte = 199;    { ╟ }
  ARI: Byte = 182;    { ╢ }
  AUR: Byte = 188;    { ╝ }
  AUI: Byte = 207;    { ╧ }
  AUL: Byte = 200;    { ╚ }
  AW : Byte = 205;    { ═ }
  AS : Byte = 186;    { ║ }
  IOL: Byte = 218;    { ┌ }
  IWU: Byte = 194;    { ┬ }
  IOR: Byte = 191;    { ┐ }
  ISR: Byte = 195;    { ├ }
  ISL: Byte = 180;    { ┤ }
  IUR: Byte = 217;    { ┘ }
  IWO: Byte = 193;    { ┴ }
  IUL: Byte = 192;    { └ }
  IW : Byte = 196;    { ─ }
  IS : Byte = 179;    { │ }
  IK : Byte = 197;    { ┼ }
```

Zur Erstellung einer rechteckigen Box, die aus Doppellinien besteht, sind folgende Befehle notwendig:

```
BEGIN
  WriteLn (Chr(AOL)+Chr(AW)+Chr(AW)+Chr(AW)+Chr(AOR));
  WriteLn (Chr(AS) +Chr(32)+Chr(32)+Chr(32)+Chr(AS));
  WriteLn (Chr(AUL)+Chr(AW)+Chr(AW)+Chr(AW)+Chr(AUR));
END.
```

Der Ausdruck *Chr(32)* erzeugt ein Leerzeichen. Das Ergebnis sieht wie folgt aus:

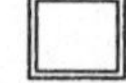

Diese globale Definition hat den Vorteil, daß man für Drucker, die diese IBM-zeichen nicht beherrschen (bei alten Druckern ist das oft der Fall), die Zeichen ändern kann. In diesem Fall würde zum Beispiel IW statt 196 den Wert 45 für ein Minuszeichen (-) erhalten, oder IK würde statt 197 den Wert 43 (+) bekommen.

Bestimmt automatisch, ob eine Farbgraphikkarte oder ein Monochromadapter verwendet wird. Dabei wird vorausgesetzt, daß die Farbgraphikkarte (zum Beispiel CGA, EGA oder VGA) auch im entsprechenden Modus betrieben wird und ein Farbmonitor angeschlossen ist. Alle Farbgraphikkarten benutzen denselben Bildschirmspeicher ab der hexadezimalen Adresse $B800, während die monochrome Herkuleskarte den Speicher ab $B000 verwendet. Diese Segmentadresse wird im nachfolgenden Listing *SegMon* (Segment Monitor) genannt. Das im ROM eingebaute Betriebssystem eines jeden IBM-kompatiblen Rechners, das sogenannte BIOS (Basic Input/Output System), enthält ein Byte, welches Auskunft über die eingebaute Graphikkarte gibt.

```
Reg.AH := 15;
Intr (16,Reg);
IF Reg.AL = 7 THEN  SegMon := $B000      { monochrom }
              ELSE  SegMon := $B800;     { Farbgraphik }
```

Der oben genannte Code sollte an zentraler Stelle, zum Beispiel in einem Unit *Global* im Initialisierungsteil stehen. Des weiteren müssen die Variablen *Reg* und *SegMon* deklariert werden:

```
VAR
  Reg:    Registers;
  SegMon: Word;
```

Ergänzend zum Besetzen der Variablen *SegMon* sollten Sie auch noch den Pascalbefehl *TextMode* aufrufen, der im ersten Fall *TextMode (BW80)* und im zweiten Fall *TextMode (C80)* heißt.

Die nachfolgende Tabelle gibt eine Übersicht über die Bedeutung der verschiedenen Registerinhalte von AL (2 Farben = monochrom).

AL	Video-Modus
0,1	Text 40*25, 2/16 Farben
2,3	Text 80*25, 2/16 Farben
4,5,13,19	CGA 320*200, 2/4/16/256 Farben
6,14	CGA 640*200, 2/16 Farben
7	Text monochrom (Hercules)
15,16	EGA 640*350, 4/16 Farben
17,18,103	VGA 640*480, 2/16/256 Farben
64,66	Text 80*43/132*43, 16 Farben
65,69	Text 132*25/132*28, 16 Farben
67,68	Text 80*60/100*60, 16 Farben
96	VGA 752*410, 16 Farben
97	VGA 720*540, 16 Farben
98	SuperVGA 800*600, 16 Farben
99,100,101	SuperVGA 1024*768, 2/4/16 Farben
102	ATT400 640*400, 256 Farben

Rettet den Inhalt des Bildschirms einschließlich der Attribute (Farben, Blinken) von einer vorgegebenen Anfangszeile bis zu einer Endzeile. Diese Prozedur ist unbedingt erforderlich, wenn man Overlaymasken erzeugen möchte, da nach Entfernen derselben wieder der alte Bildschirminhalt sichtbar werden soll. Um Speicherplatz zu sparen, werden nur die benötigten Zeilen (von/bis) gerettet.

```
PROCEDURE BildschirmRetten (von: Byte;
                            bis: Byte);

VAR
  P:   Word;                { Position im Bildschirmspeicher }
  I,J: Word;                { Laufindices }

BEGIN
  FOR I := von TO bis DO
  BEGIN
    P := (I - 1) * 160;
    FOR J := 1 TO 160 DO
      RetteMon [RetteMonIndex][J] := Mem [SegMon:P+J-1];
    Inc (RetteMonIndex);
  END;
END;
```

Das aufrufende Programm muß auf jeden Fall die nachfolgenden Deklarationen enthalten, die zum Zwischenspeichern des Bildschirminhaltes erforderlich sind:

```
TYPE
  RetteMonTyp = ARRAY [1..160] OF Byte;

CONST
  MaxRetteMonZeilen = 50;

VAR
  RetteMon:      ARRAY [1..MaxRetteMonZeilen] OF RetteMonTyp;
  RetteMonIndex: Byte;
  SegMon:        Word;
```

Die Variable *SegMon* ist bei einem Monochrombildschirm (Herkules-Graphik) gleich $B000 und beim Farbmonitor gleich $B800 zu setzen. Eine automatische Anpassung ist in Rezept B.2 beschrieben.

Die Variable *RetteMonIndex* muß zu Beginn des Programms oder im Initialisierungsteil eines vorgeschalteten Units (nicht aber in der Prozedur) mit 1 vorbesetzt werden, das das ARRAY von 1 bis *MaxRetteMonZeilen* reicht und *Inc(RetteMonIndex)* erst nach der ersten Verwendung ausgeführt wird.

Als Verfeinerung kann man noch zu Beginn der Routine abfragen, ob überhaupt noch genügend Platz im reservierten Speicher vorhanden ist:

```
IF RetteMonIndex + (bis-von+1) > MaxRetteMonZeilen THEN
BEGIN
  ClrScr;
  WriteLn ('Zu wenig Zeilen reserviert für Bildschirm-Overlays !');
  Halt;
END;
```

B.4 Zurückschreiben des Bildschirminhalts 17

Setzt den alten Inhalt des Bildschirms einschließlich der Attribute (Farben, Blinken) von einer vorgegebenen Anfangszeile bis zu einer Endzeile wieder zurück. Es werden entsprechend der Angaben (von/bis) die letzten Zeilen aus dem Buffer *RetteMon* ausgelesen und in den Bildschirm zurückgeschrieben.

```
PROCEDURE BildschirmReset (von: Byte;
                           bis: Byte);

VAR
  P:      Word;                 { Position im Bildschirmspeicher }
  I,J:    Word;                 { Laufindices }

BEGIN
  FOR I := bis DOWNTO von DO
  BEGIN
    Dec (RetteMonIndex);
    P := (I - 1) * 160;
    FOR J := 1 TO 160 DO
      Mem [SegMon:P+J-1] := RetteMon [RetteMonIndex][J];
  END;
END;
```

Bezüglich der Deklarationen gilt das gleiche wie unter Rezept B.3 bereits gesagt. Als einfache Anwendung kann folgendes Laufbild angesehen werden:

```
BEGIN
  ClrScr;
  GotoXY (1,1);
  WriteLn ('Hallo!');
  FOR I := 1 TO 20 DO
  BEGIN
    BildschirmRetten (I,I);
    GotoXY (1,I);
    ClrEol;
    BildschirmReset (I+1,I+1);
    Delay (100);
  END;
END.
```

Als Verfeinerung kann man noch zu Beginn der Routine abfragen, ob überhaupt noch genügend Zeilen im reservierten Speicher vorhanden sind, um die Restauration des Bildschirms vorzunehmen. Normalerweise dürfte es hier nur Probleme geben, wenn zuvor zuviele Zeilen ausgelesen wurden (Programmierfehler!).

```
IF RetteMonIndex <= bis-von+1 THEN
BEGIN
  ClrScr;
  WriteLn ('Keine Zeilen mehr zum Restaurieren !');
  Halt;
END;
```

Setzt eine Farbpalette für den Textmodus. Dies ist notwendig, wenn Sie im Besitz einer VGA-Graphikkarte sind, die zum Beispiel 64 Farben kennt. Eine solche Graphikkarte hat die 16 EGA-Farben voreingestellt. Sie können aber eine neue Palette vorgeben. Dazu müssen Sie lediglich die von Ihnen gewünschten Zahlenwerte in einem *ARRAY OF Byte* ablegen und den entsprechenden Pointer des Interrupts 16 (10_{Hex}) darauf setzen. Dies besorgt die nachfolgende Prozedur.

```
PROCEDURE FarbPaletteSetzen (Palette: PaletteArr);

VAR
  Reg: Registers;

BEGIN
  Reg.AH := 16;
  Reg.AL := 2;
  Reg.ES := Seg (Palette);
  Reg.DX := Ofs (Palette);
  Intr (16,Reg);
END;
```

Sie können sich für verschiedene Aufgaben mehrere Farbpaletten zurechtlegen, die dann bei Bedarf jeweils durch Aufruf der Prozedur aktiviert werden.

```
TYPE
  PaletteArr = ARRAY [0..16] OF Byte;

CONST
  Palette1: PaletteArr = (0,1,2,3,4,5,20,7,56,57,58,59,60,61,62,63,0);
  Palette2: PaletteArr = (0,1,12,3,25,5,20,7,56,43,58,59,36,61,62,55,0);

BEGIN
  ...
  FarbPaletteSetzen (Palette1);
  ...
  FarbPaletteSetzen (Palette2);
  ...
END.
```

Es ist sinnvoll, zum Schluß eines Programms die Farbpalette wieder auf den Standardwert zurückzusetzen. Dies kann mit Hilfe der TurboPascal-Prozedur

```
TextMode (LastMode)
```

erfolgen.

Diese Möglichkeit, die Farben zu verändern, gilt nur für den Textmodus. Für den Graphikmodus sieht TurboPascal spezielle Befehle vor, die in ähnlicher Weise verwendet werden.

Es ist Ihnen vielleicht aufgefallen, daß der Typ PaletteArr nicht nur 16, sondern sogar 17 Byte lang ist. Dabei enthalten die Einträge 0 bis 15 die 16 normalen Farben, während der 17. Eintrag den nicht aktiven Bildschirmrand (Overscan = Überhang) betrifft.

B.6 Vorder- und Hintergrundsfarbe vertauschen

Vertauscht Vorder- und Hintergrundfarbe in Zeile *Y* von Position *X* bis *X+Länge*. Die Art der Farbgestaltung nennt man inverse Darstellung. Die hier beschriebene Prozedur läßt den textlichen Inhalt unverändert.

```
PROCEDURE InversColor (X,Y:    Byte;
                       Laenge: Byte);

VAR
  P:           Word;
  I:           Byte;
  Attribut:    Byte;
  Blinken:     Byte;
  Hintergrund: Byte;
  Vordergrund: Byte;

BEGIN
  FOR I := X TO X+Laenge-1 DO
  BEGIN
    P := (Y-1)*160 + (I-1)*2;
    Attribut := Mem [SegMon.P+1];
    Blinken := 0;
    IF Attribut > 127 THEN
    BEGIN
      Blinken := 128;
      Dec (Attribut,128);
    END;
    Hintergrund := Attribut DIV 16;
    Vordergrund := Attribut MOD 16;
    Attribut := Vordergrund * 16 + Hintergrund + Blinken;
    Mem [SegMon:P+1] := Attribut;
  END;
END;
```

Schreiben Sie den Bildschirm mit irgendeinem Text voll. Benutzen Sie entweder *WriteLn* oder *Schreibe* (siehe B.9). Dann invertieren Sie die Farben der achten Zeile.

```
BEGIN
  ClrScr;
  FOR I := 1 TO 20 DO
    WriteLn ('Dies ist ein Test, wie ihn der Autor möchte.');
  InversColor (1,8,80);
  InversColor (14,10,4);
END.
```

Was meinen Sie wohl, welcher Teil beim zweiten Aufruf invers erscheint?

Hinsichtlich der Variablen *SegMon* lesen Sie bitte unter B.2 nach.

Darstellung des Außenrandes einer Maske (Box). Die beiden ersten Werte geben den Eckpunkt links oben an, die beiden nächsten den Eckpunkt rechts unten, dann folgt die Hinter- und schließlich die Vordergrundfarbe. Diese Prozedur ist für Overlay- und andere Masken äußerst nützlich. Die Farben müssen aus dem Bereich 0 bis 15 sein, und weisen auf den entsprechenden Eintrag in der Farbpalette. Dabei dürfen die Hintergrundsfarben nur die Werte 0 bis 7 annehmen.

```
PROCEDURE Rand (X0,Y0:  Byte;
                X1,Y1:  Byte;
                ColorH: Byte;
                ColorV: Byte);

VAR
  S: Byte;          { Laufindex für Spalte }
  Z: Byte;          { Laufindex für Zeile }

PROCEDURE Zeichen (S:      Byte;
                   Z:      Byte;
                   Symbol: Byte);
VAR
  P: Word;

BEGIN
  P := (Z-1)*160 + (S-1)*2;
  Mem [SegMon:P]   := Symbol;
  Mem [SegMon:P+1] := 16*ColorH + ColorV;
END;


BEGIN
  Zeichen (X0,Y0,AOL);
  FOR S := X0+1 TO X1-1 DO Zeichen (S,Y0,AW);
  Zeichen (X1,Y0,AOR);
  FOR Z := Y0+1 TO Y1-1 DO Zeichen (X0,Z,AS);
  FOR Z := Y0+1 TO Y1-1 DO Zeichen (X1,Z,AS);
  Zeichen (X0,Y1,AUL);
  FOR S := X0+1 TO X1-1 DO Zeichen (S,Y1,AW);
  Zeichen (X1,Y1,AUR);
END;
```

Zum Erzeugen des nachstehenden Bildes sind nur zwei Aufrufe erforderlich.

```
Rand (10,10,30,20,Black,White);
Rand (14,12,26,14,Black,LightGray);
```

Bei der standardmäßigen EGA-Farbpalette erscheint der Rahmen der großen Box in hellweiß und derjenige der kleinen Box in grau auf dem Bildschirm.

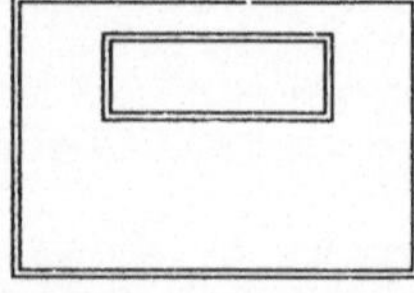

Hinsichtlich der Variablen *SegMon* lesen Sie bitte unter B.2 nach. Die Graphiksymbole können auch durch Zahlen (siehe B.1) ersetzt werden.

B.8 Rollen des Bildschirminhalts

Verschiebt den Inhalt des Bildschirms eines angegebenen Bereichs zeilenweise auf- oder abwärts. Dabei geben die Werte X_0 und Y_0 den Eckpunkt links oben und die Werte X_1 und Y_1 den Eckpunkt rechts unten an. Wird als Richtung U übergeben, dann wird aufwärts gerollt, bei D abwärts.

```
PROCEDURE Rollen (X0,Y0:     Byte;
                  X1,Y1:     Byte;
                  Richtung: Char);
VAR
  S,Z: Byte;               { Laufindex für Spalte und Zeile }
  P:   Word;               { Position im Bildschirmspeicher }

BEGIN
  CASE Richtung OF
    'U': BEGIN                                        { up = aufwärts }
           FOR Z := Y0 TO Y1 DO
             FOR S := X0 TO X1 DO
             BEGIN
               P := (Z-1)*160 + (S-1)*2;
               Mem [SegMon:P-160]   := Mem [SegMon:P];
               Mem [SegMon:P-160+1] := Mem [SegMon:P+1];
             END;
           FOR S := X0 TO X1 DO
           BEGIN
             P := (Y1-1)*160 + (S-1)*2;
             Mem [SegMon:P] := 32;
           END;
         END;
    'D': BEGIN                                        { down = abwärts }
           FOR Z := Y1 DOWNTO Y0 DO
             FOR S := X0 TO X1 DO
             BEGIN
               P := (Z-1)*160 + (S-1)*2;
               Mem [SegMon:P+160]   := Mem [SegMon:P];
               Mem [SegMon:P+160+1] := Mem [SegMon:P+1];
             END;
           FOR S := X0 TO X1 DO
           BEGIN
             P := (Y0-1)*160 + (S-1)*2;
             Mem [SegMon:P] := 32;
           END;
         END;
  END;
END;
```

Lassen Sie eine Zeile von oben nach unten »rutschen und zurück.

```
ClrScr;
Write ('Diese Zeile soll nach unten und dann wieder nach oben rollen.');
FOR Y := 1 TO 24 DO
BEGIN
  Rollen (1,Y,80,Y,'D');
  Delay (100);
END;
FOR Y := 25 DOWNTO 2 DO
BEGIN
  Rollen (1,Y,80,Y,'U');
  Delay (100);
END;
```

Hinsichtlich der Variablen *SegMon* lesen Sie bitte unter B.2 nach.

B.9 Positioniertes Schreiben eines Textes

Schreibt eine Textzeile direkt in den Bildschirmspeicher. Der Text beginnt an der Position (X,Y). Die Vorder- und Hintergrundfarbe bleibt unverändert.

```
PROCEDURE Schreibe (X,Y:   Byte;
                    Zeile: String80);

VAR
  I: Byte;                   { Laufindex }
  P: Word;                   { Startposition im Bildschirmspeicher }

BEGIN
  P := (Y-1) * 160 + (X-1) * 2;
  FOR I := 1 TO Length (Zeile) DO
    Mem [SegMon:P+(I-1)*2] := Ord (Zeile[I]);
END;
```

Der Aufruf ist denkbar einfach. Allerdings müssen zuvor für das zu beschreibende Feld (Fenster) die Farben mit Hilfe der Prozedur *ScreenColor* (siehe Rezept B.10) gesetzt werden. Der Boxrahmen wird mit der Prozedur *Rand* (siehe Rezept B.7) erzeugt.

```
Rand (30,10,60,20,Blue,White);
ScreenColor (31,11,59,19,Blue,LightGray,True);
Schreibe (40,13,'Überschrift');
Schreibe (33,15,'Dies ist der Text, der');
Schreibe (33,16,'nun in der Box steht.');
```

Hinsichtlich der Variablen *SegMon* lesen Sie bitte unter B.2 nach.

Ansonsten ersetzt diese Prozedur die beiden TurboPascal-Befehle *GotoXY* und *Write*, ist aber erheblich schneller. Die folgenden Zahlen, die für einen AT286 mit 8 MHz gelten, machen dies deutlich. In diesem Test wurde der Text «»Erik Wischnewski« tausendmal links oben auf den Bildschirm geschrieben.

Schreibmethode	Zeit
WriteLn ohne DirectVideo (False)	6.31 ms
WriteLn mit DirectVideo (True)	0.72 ms
Schreibe	0.44 ms

B.10 Setzen der Farben in einem Fenster

Setzt in einem Fenster von X_0,Y_0 (links oben) bis X_1,Y_1 (rechts unten) die Hinter- und Vordergrundfarbe wie angegeben. Auf Wunsch kann der bestehende Text gelöscht werden (True = Text löschen, False = Text bleibt).

```
PROCEDURE ScreenColor (X0,Y0:  Byte;
                       X1,Y1:  Byte;
                       ColorH: Byte;
                       ColorV: Byte;
                       Leer:   Boolean);

VAR
  S: Byte;               { Laufindex für Spalte }
  Z: Byte;               { Laufindex für Zeile }
  P: Word;               { Position im Bildschirmspeicher }

BEGIN
  FOR S := X0 TO X1 DO
  BEGIN
    FOR Z := Y0 TO Y1 DO
    BEGIN
      P := (Z-1)*160 + (S-1)*2;
      IF Leer = True THEN  Mem [SegMon:P] := 32;
      Mem [SegMon:P+1] := 16*ColorH + ColorV;
    END;
  END;
END;
```

Der Aufruf ist denkbar einfach. Bezüglich des Randes siehe Rezept B.7 und bezüglich der Prozedur *Schreibe* siehe Rezept B.9.

```
ClrScr;
Rand (30,10,60,18,Blue,White);
ScreenColor (31,11,59,17,Blue,LightGray,True);
Schreibe (40,13,'Überschrift');
Schreibe (33,15,'Dies ist der Text, der');
Schreibe (33,16,'nun in der Box steht.');
Delay (2000);
ScreenColor (40,13,50,13,Red,White,False);
ScreenColor (46,15,49,15,Green,LightMagenta,False);
```

Nachdem eine Box mit Text erschienen ist (standardmäßig blauer Hintergrund mit grauer Schrift), wird die Überschrift weiß auf rotem Untergrund und das Wörtchen »Text« hellmagenta auf grünem Untergrund.

Hinsichtlich der Variablen *SegMon* lesen Sie bitte unter B.2 nach.

Mit Hilfe von *Rand, ScreenColor* und *Schreibe* lassen sich hervorragend Overlaymasken erzeugen.

Ausgabe einer Fehlermeldung als Overlaymaske. Ein zu übergebender Text wird in einer Box für eine bestimmte Zeitdauer dargestellt. Hierzu werden die Routinen *BildschirmRetten* (siehe B.3), *BildschirmReset* (siehe B.4), *Rand* (siehe B.7), *ScreenColor* (siehe B.10), *Schreibe* (siehe B.9) und *Pause* (siehe A.10) verwendet.

```
PROCEDURE FehlerMeldung (FehlerText: String80);

VAR
  X0,Y0: Word;                   { linke obere Ecke }
  X1,Y1: Word;                   { rechte untere Ecke }
  I,J:   Word;                   { Laufindices }
  P:     Word;                   { Position }
  Len:   Word;                   { Länge des Textes }

BEGIN
  Y0 := 11;
  Y1 := 13;
  BildschirmRetten (Y0,Y1);
  Len := Length (FehlerText);
  X0 := (77 - Len) DIV 2;
  X1 := X0 + Len + 3;
  ScreenColor (X0,Y0,X1,Y1,Black,LightBlue,True);
  Rand (X0,Y0,X1,Y1,Black,LightBlue);
  ScreenColor (X0+1,Y0+1,X1-1,Y1-1,Red,White,True);
  Schreibe (X0+2,Y0+1,FehlerText);
  Pause (5);
  BildschirmReset (Y0,Y1);
END;
```

Nehmen wir an, Sie wollten eine Eingabe daraufhin überprüfen, ob ihr Inhalt eine positive Zahl ist, anderenfalls wollen Sie eine Fehlermeldung haben und die Eingabe wiederholen.

```
REPEAT
  Write ('Eingabewert: ');
  ReadLn (X);
  IF X <= 0 THEN  FehlerMeldung ('Wert muß positiv sein!');
UNTIL X > 0;
```

Die oben genannten Farben sind im Unit *Crt* bereits vordefiniert und entsprechen den Zahlenwerten 0 bis 15. Hat man eine neue Farbpalette (siehe B.5) gesetzt, dann haben die Begriffe natürlich eine andere (neue) Bedeutung.

B.12 Eingabe einer Zeichenkette

Diese schöne Routine ermöglicht Ihnen die Eingabe einer Zeichenkette in einem hervorgehobenen Overlayfenster. Dabei können Sie bereits eine Antwort als Voreinstellung übergeben. Die Frage (EingabeText) darf maximal 70 Zeichen minus der Länge der Antwort lang sein. Hierzu werden die Routinen *BildschirmRetten* (siehe B.3), *BildschirmReset* (siehe B.4), *Rand* (siehe B.7), *ScreenColor* (siehe B.10), *Schreibe* (siehe B.9) und *EditierenFeld* (siehe B.13 und B.14) verwendet.

```
PROCEDURE Eingabe (EingabeText:    String80;
                   Laenge:         Word;
                   Voreinstellung: String80;
                   VAR Antwort:    String80);

VAR
  Taste: TastenTyp;
  X0,Y0: Word;                  { linke obere Ecke }
  X1,Y1: Word;                  { rechte untere Ecke }
  X2:    Word;                  { Ende der Frage }

BEGIN
  Y0 := 17;
  Y1 := 19;
  BildschirmRetten (Y0,Y1);
  X0 := (74 - Length (EingabeText) - Laenge) DIV 2;
  X1 := X0 + Length (EingabeText) + Laenge + 6;
  X2 := X0 + Length (EingabeText) + 2;
  ScreenColor (X0,Y0,X1,Y1,Black,Yellow,True);
  Rand (X0,Y0,X1,Y1,Black,Yellow);
  ScreenColor (X0+1,Y0+1,X1-1,Y1-1,Black,Brown,True);
  ScreenColor (X2+1,Y0+1,X1-2,Y1-1,LightGray,Black,True);
  Schreibe (X0+2,Y0+1,EingabeText);
  Schreibe (X2+2,Y0+1,Voreinstellung);
  Antwort := Voreinstellung;
  EditierenFeld (X2+2,Y0+1,Laenge,Antwort,Taste);
  BildschirmReset (Y0,Y1);
END;
```

Nehmen wir an, Sie möchten eine Datei abspeichern, die Sie zuvor unter dem Namen *DateiNameAlt := 'DATEN.DAT'* geladen haben. Sie möchten aber die Möglichkeit haben, den Namen der Datei zu ändern.

```
Eingabe ('Name der Datei:',12,DateiNameAlt,DateiNameNeu);
```

Dabei wird *DateiNameAlt* als Voreinstellung übergeben, die mit CR bestätigt werden kann. Der bestätigte oder auch der neue Name steht auf jeden Fall anschließend in *DateiNameNeu*. Sie können sich auch die Unterscheidung zwischen alt und neu ersparen und nur die Variable *DateiName* verwenden.

Wegen *EditierenFeld* (siehe B.13 und B.14) innerhalb der Prozedur *Eingabe* muß entweder in der Prozedur selbst oder im aufrufenden Programm oder in einem übergeordneten Unit der *TYPE TastenTyp* deklariert sein.

```
TYPE  TastenTyp = (None,BS,CR,Esc,F1,F2,F3,F4,F5,F6,F7,F8,F9,F10,
                   Up,Down,Left,Right,Pos1,Ende,PgUp,PgDn,Ins,Del);
```

B. 13 Editieren eines Feldes (Kurzfassung)

Das Modul ermöglicht das Editieren des Feldinhalts. Das Schreiben links und rechts über das Feld hinaus ist nicht möglich. Als Abschluß kann eine Sprungtaste benutzt werden, die das nächste Feld auswählt: <CR, ><Up>, <Down>, <Pos1> oder <Ende>. Bei <Esc> wird abgebrochen. Die gedrückte Taste wird dem aufrufenden Programm übergeben, damit dieses die Sprungfunktion ausführen kann.

```
PROCEDURE EditierenFeld (XPos,YPos: Word;
                         Laenge:    Word;
                         VAR Datum: String80;
                         VAR Taste: TastenTyp);
VAR
  IPos: Word;            { Cursorposition innerhalb des Feldes }
  Len:  Byte;            { Länge des Datums }
  I:    Word;            { Laufindex }
  P:    Word;            { Position im Bildschirmspeicher }
  Ch:   Char;            { eingegebenes Zeichen }

BEGIN
  IPos := 1;
  Taste := None;
  Datum := Copy (Datum,1,Laenge);
  REPEAT
    GotoXY (XPos-1+IPos,YPos);          { Cursor auf Eingabeposition }
    Taste := LeseTaste (Ch);
    CASE Taste OF
      Left:  IF IPos > 1 THEN  Dec (IPos);
      Right: BEGIN
               Inc (IPos);
               IF IPos > Length(Datum)+1 THEN  IPos := Length(Datum)+1;
               IF IPos > Laenge THEN  IP^Hs := Laenge;
             END;
      BS:    IF IPos > 1 THEN
               BEGIN
                 Dec (IPos);
                 Delete (Datum,IPos,1);
               END;
      Ins:   IF NOT ((IPos=Laenge) OR (Length(Datum)=Laenge)) THEN
               Insert (' ',Datum,IPos);
      Del:   IF IPos <= Length (Datum) THEN  Delete (Datum,IPos,1);
      None:  IF Ch > #31 THEN
             BEGIN
               IF IPos > Length (Datum) THEN  Datum := Datum + Ch
                                         ELSE  Datum [IPos] := Ch;
               Inc (IPos);
               IF IPos > Laenge THEN  IPos := Laenge;
             END;
    END;
    Schreibe (XPos,YPos,Datum+Kette(Laenge-Length(Datum),' '));
  UNTIL Taste IN [Esc,CR,F1..F10,Up,Down,Pos1,Ende,PgUp,PgDn];
END;
```

Das aufrufende Programm muß auf jeden Fall den *TastenTyp* definieren (siehe B.12). Des weiteren muß das zu editierende Feld mit *ScreenColor* initialisiert werden. Sofern *HilfsDatum* vor dem Aufruf von *EditierenFeld* schon einen Inhalt besitzt, wird dieser als Voreinstellung in dem editierbaren Feld dargestellt und könnte mit CR einfach nur bestätigt werden.

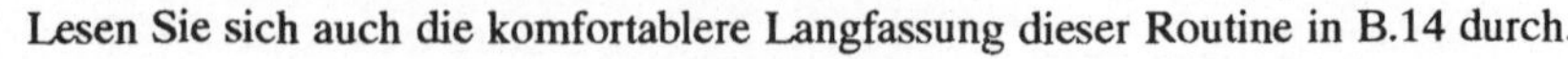

```
ScreenColor (10,12,17,12,Blue,White,False);
EditierenFeld (10,12,8,HilfsDatum,Taste);
```

Lesen Sie sich auch die komfortablere Langfassung dieser Routine in B.14 durch.

Das Modul ermöglicht das volle Editieren des Feldinhaltes. Es umfaßt alle Eigenschaften der Kurzfassung (siehe B.13) und unterstützt zusätzlich das wortweise Springen des Cursors nach links und rechts mit <Ctrl> + <Left> beziehungsweise <Ctrl> + <Right> sowie die Darstellung einer Hilfetafel mit <F1>.

```
PROCEDURE EditierenFeld (XPos:      Word;
                         YPos:      Word;
                         Laenge:    Word;
                         HilfeNr:   Word;
                         VAR Datum: String80;
                         VAR Taste: TastenTyp);

VAR
  IPos: Word;              { Cursorposition innerhalb des Feldes }
  Len:  Byte;              { Länge des Datums }
  I:    Word;              { Laufindex }
  P:    Word;              { Position im Bildschirmspeicher }
  Ch:   Char;              { eingegebenes Zeichen }

BEGIN

  IPos := 1;
  Taste := None;
  Datum := Copy (Datum,1,Laenge);

  REPEAT

    GotoXY (XPos-1+IPos,YPos);            { Cursor auf Eingabeposition }
    Taste := LeseTaste (Ch);

    CASE Taste OF
      F1:        HilfeTafel (HilfeNr);
      CtrlLeft:  CASE IPos OF
                   1: { keine Aktion };
                   2: Dec (IPos);
                   ELSE
                   BEGIN
                     Dec (IPos);
                     WHILE (IPos>0) AND (Datum[IPos]=' ') DO Dec(IPos);
                     WHILE (IPos>0) AND (Datum[IPos]<>' ') DO Dec(IPos);
                     Inc (IPos);
                   END;
                 END;
      CtrlRight: BEGIN
                   WHILE (IPos<Length(Datum)+1) AND (Datum[IPos]<>' ')
                     DO Inc(IPos);
                   WHILE (IPos<Length(Datum)+1) AND (Datum[IPos]=' ')
                     DO Inc(IPos);
                   IF IPos > Laenge THEN IPos := Laenge;
                 END;
      Left:      IF IPos > 1 THEN Dec (IPos);
      Right:     BEGIN
                   Inc (IPos);
                   IF IPos>Length(Datum)+1 THEN IPos := Length(Datum)+1;
                   IF IPos>Laenge THEN IPos := Laenge;
                 END;
      BS:        IF IPos > 1 THEN
                 BEGIN
                   Dec (IPos);
                   Delete (Datum,IPos,1);
                 END;
```

```
        Ins:          IF NOT ((IPos=Laenge) OR (Length(Datum)=Laenge)) THEN
                        Insert (' ',Datum,IPos);
        Del:          IF IPos <= Length (Datum) THEN  Delete (Datum,IPos,1);
        None:         IF Ch > #31 THEN
                      BEGIN
                        IF IPos > Length (Datum) THEN  Datum := Datum + Ch
                                                 ELSE  Datum [IPos] := Ch;
                        Inc (IPos);
                        IF IPos > Laenge THEN  IPos := Laenge;
                      END;
      END;

      Schreibe (XPos,YPos,Datum+Kette(Laenge-Length(Datum),' '));

    UNTIL Taste IN [Esc,CR,F2..F10,Up,Down,Pos1,Ende,PgUp,PgDn];

  END;
```

Das aufrufende Programm muß auf jeden Fall den *TastenTyp* definieren:

```
TYPE  TastenTyp = (None,BS,CR,Esc,F1,F2,F3,F4,F5,F6,F7,F8,F9,F10,
                   Up,Down,Left,Right,Pos1,Ende,PgUp,PgDn,Ins,Del);
```

Ansonsten muß das zu editierende Feld mit *ScreenColor* initialisiert werden. Sofern *HilfsDatum* vor dem Aufruf von *EditierenFeld* schon einen Inhalt besitzt, wird dieser als Voreinstellung in dem editierbaren Feld dargestellt und könnte mit CR einfach nur bestätigt werden. Die benötigte Hilfetafel möge die Nummer 1000 besitzen, was gleichbedeutend damit ist, daß bei <F1> innerhalb der Routine HilfeTafel (siehe B.17) die Datei 1000.HLP geladen wird.

```
ScreenColor (10,12,17,12,Blue,White,False);
EditierenFeld (10,12,8,1000,HilfsDatum,Taste);
```

Hier dürfen Sie Ihre eigenen Anmerkungen hinschreiben.

B.15 Alternativabfrage

Erzeugt eine Abfragemaske mit dem übergebenen Abfragetext. Dieser darf maximal 65 Zeichen lang sein. Der Aufruf der Hilfetafeln ist mit <F1> möglich. Die Eingabe von <Esc> (statt einer der beiden normalen Alternativen) ist möglich.

```
PROCEDURE AlternativAbfrage (AbfrageText: String65;
                             Alt1:        Char;
                             Alt2:        Char;
                             VAR Antwort: Char);

VAR
  I:     Word;
  J:     Word;
  Ch:    Char;
  Taste: TastenTyp;
  XAlt:  Byte;

PROCEDURE TextAusgabe;
VAR
  X0,Y0: Word;            { linke obere Ecke }
  X1,Y1: Word;            { rechte untere Ecke }
  J:     Word;            { Laufindex }
BEGIN
  X0 := (77 - Length (AbfrageText)) DIV 2;
  Y0 := 17;
  X1 := X0 + Length (AbfrageText) + 3;
  Y1 := 19;
  XAlt := X1 - 8;
  ScreenColor (X0,Y0,X1,Y1,Black,LightRed,True);
  Rand (X0,Y0,X1,Y1,Black,LightRed);
  ScreenColor (X0+1,Y0+1,X1-1,Y1-1,Black,Yellow,True);
  Schreibe (X0+2,Y0+1,AbfrageText);
END;

BEGIN
  Antwort := Chr(27);
  AbfrageText := AbfrageText + ' (' + Alt1 + '/' + Alt2 + ') ?';
  BildschirmRetten (17,19);
  TextAusgabe;
  REPEAT
    Taste := LeseTaste (Ch);
    Antwort := UpperCase (Ch);
    IF Taste = F1 THEN  HilfeTafel (HilfeNr);
  UNTIL Antwort IN [Alt1,Alt2,Chr(27)];
  BildschirmReset (17,19);
END;
```

Eine typische Anwendung ist in Rezept B.16 wiedergegeben. Eine andere Anwendung wäre beispielsweise gegeben, wenn Sie bei einer Ausgabe unterscheiden möchten, ob diese auf dem Drucker oder auf dem Bildschirm erfolgen soll. Bei <Esc> wird keine Tabelle ausgegeben.

```
AlternativAbfrage ('Bildschirm oder Drucker','B','D',Ausgabe);
CASE Ausgabe OF
  'B': BildschirmTabelle;
  'D': DruckerTabelle;
END;
```

Die beiden alternativen Antworten *Alt1* und *Alt2* müssen als Großbuchstaben übergeben werden, da das vom Bediener eingetippte Zeichen einheitlich in Großschrift gewandelt wird. Die *HilfeNr* für den Aufruf der Hilfetafel muß global definiert werden.

B.16 Eingabe eines Dateinamens mit Kontrolle

Erlaubt die Eingabe eines Dateinamens mit maximal acht Zeichen. Der eingegebene Dateiname wird auf korrekte Schreibweise überprüft. Wahlweise kann die Existenz überprüft und eine Sicherheitsabfrage gestellt werden. Als Dateiname ist auch eine Leereingabe erlaubt, die außerhalb dieses Moduls als Kriterium zum Abbruch verwendet werden sollte. Wird die Sicherheitsabfrage mit <N> oder <Esc> beantwortet, so kann erneut ein Dateiname eingegeben werden. Mit <F1> ist der Aufruf der Hilfetafeln möglich.

```
PROCEDURE EingabeDatei (VAR DateiName: String8;
                            Endung:    String4;
                            Pruefen:   Boolean);

VAR
  Antwort: Char;              { Antwortzeichen bei Abfrage }

BEGIN
  REPEAT
    REPEAT
      Eingabe ('Name der Datei:',8,DateiName,DateiName);
    UNTIL KontrolleDateiName (DateiName) = True;
    Antwort := 'J';
    IF Pruefen AND DateiVorhanden (DateiName+Endung) THEN
      AlternativAbfrage ('Datei bereits vorhanden - überschreiben',
                         'J','N',Antwort);
  UNTIL  Antwort = 'J';
END;
```

Die in Rezept B.12 vorgestellte Anwendung für *EinzelEingabe* enthält keinerlei Prüfungen. Durch Verwendung von *EingabeDatei* kann ein komfortables Programm geschaffen werden:

```
StandardPfad := '';
DateiName := 'DATEN';
EingabeDatei (DateiName,'.TXT',True);
```

Durch das Setzen des Übergabeparameters *Pruefen* auf *True* wird der Benutzer erst aus der Routine entlassen, wenn es noch keine Datei mit dem angegebenen Namen gibt beziehungsweise der Benutzer die Abfrage, ob eine bestehende Datei überschrieben werden soll, mit *Ja* beantwortet.

Die Eingabe des Dateinamens wird solange fortgesetzt (innere REPEAT-Schleife), bis die Funktion *KontrolleDateiName* (siehe K.3) den Wert *True* zurückliefert.

Die IF-Abfrage enthält nur *Pruefen* als erstes Kriterium, was gleichbedeutend mit der ausführlichen Form *Pruefen* = *True* ist. Die ebenfalls in dieser IF-Abfrage vorkommende Funktion *DateiVorhanden* wird in Rezept D.3 beschrieben.

B. 17 Ausgabe einer Hilfetafel 31

Diese Prozedur gibt eine Hilfetafel auf dem Bildschirm aus. Hierzu wird eine Overlaymaske erzeugt. Der Text der gewünschten Hilfetafel xxxx wird aus der Datei xxxx.HLP gelesen und innerhalb der Maske dargestellt. Maximal sind 17 Zeilen je 67 Zeichen zulässig.

```
PROCEDURE HilfeTafel (HilfeNr: Word);

VAR
  HilfeDatei: Text;
  Zeile:      STRING [67];
  I:          Word;

BEGIN
  BildschirmRetten (4,22);
  ScreenColor (5,4,75,22,Black,LightRed,True);
  Rand (5,4,75,22,Black,LightRed);
  ScreenColor (6,5,74,21,Blue,Yellow,True);
  Assign (HilfeDatei,StrInt(HilfeNr)+'.HLP');
  Reset (HilfeDatei);
  I := 5;
  WHILE (NOT EOF(HilfeDatei)) AND (I <= 21) DO
  BEGIN
    ReadLn (HilfeDatei,Zeile);
    Schreibe (7,I,Zeile);
    Inc (I);
  END;
  Shut (HilfeDatei);
  Pause (600);
  BildschirmReset (4,22);
END;
```

Zahlreiche Anwendungen sind bereits in den vorangegangenen Rezepten erfolgt. So beispielsweise beim Editieren eines Feldes (siehe B.13 und B.14) oder bei der Alternativabfrage (siehe B.15). Der Aufruf ist sehr einfach, da nur eine Hilfenummer übergeben werden muß. Diese kann direkt als Zahl eingetragen werden oder als vorher zu besetzende Variable übergeben werden:

```
HilfeTafel (1250);

Hilfe := 1260;
HilfeTafel (Hilfe);
```

Die in der Hilfe-Routine eingebaute Pause ist auf 10 Minuten gesetzt worden. Innerhalb dieser Zeit sollte jeder den Text genauestens studiert haben. Die Prozedur *Pause* (siehe A.10) ermöglicht es allerdings, die Hilfetafel vorher abzubrechen.

Die HilfeNr muß genau stimmen, damit die Datei geladen werden kann. Es können also beispielsweise keine Hilfenummern wie »0007« oder »0333« verwaltet werden, sondern nur 7, 333 usw.

Die Zeilen innerhalb der Hilfedatei dürfen nicht länger als 67 sein, anderenfalls wird der Rest der Zeile abgeschnitten. Dies wird durch die Deklaration *STRING [67]* bewirkt.

D DATEI

Liest ein angegebenes Verzeichnis (Pfad) und merkt sich die Dateien mit einer bestimmten Endung (SuchString). Die Prozedur meldet die Anzahl der gefundenen Dateien und ein Array mit den Dateinamen (die ersten acht Zeichen) zurück.

```
PROCEDURE ReadDir (Pfad:          String20;
                   SuchString:    String4;
                   VAR N:         Word;
                   VAR DateiArr:  DateiNameArr);
VAR
  J:         Word;             { Zähler für gefundene Dateien }
  FileInfo:  SearchRec;        { enthält Informationen der Dateien }

BEGIN
  J := 0;
  FindFirst (Pfad+'*'+SuchString,AnyFile,FileInfo);
  WHILE (DOSError = 0) AND (J < MaxDateien) DO
  BEGIN
    Inc (J);
    Delete (FileInfo.Name,Pos('.',FileInfo.Name),4);
    DateiArr [J] := FileInfo.Name;
    FindNext (FileInfo);
  END;
  N := J;
END;
```

Das aufrufende Programm oder ein übergeordnetes Unit muß zunächst folgende Typdeklaration beinhalten:

```
CONST
  MaxDateien = 20;
TYPE
  DateiNameArr = ARRAY [1..MaxDateien] OF STRING [8];
  String20 = STRING [20];
  String4  = STRING [4];
```

Der Aufruf ist denkbar einfach. Sie werden diese Prozedur vor allem dann einsetzen, wenn Sie zum Beispiel eine Datei zum Einlesen auswählen wollen.

```
VAR
  Pfad:      String20;
  Endung:    String4;
  K,Anzahl:  Word;
  Dateien:   DateiNameArr;
BEGIN
  Pfad   := '\MEIN\DATEN\';
  Endung := '.TXT';
  ReadDir (Pfad,Endung,Anzahl,Dateien);
  IF Anzahl > 0 THEN
  BEGIN
    ClrScr;
    FOR K := 1 TO Anzahl DO  WriteLn (K:5,Dateien[K]+Endung:14);
    WriteLn;
    Write ('Ziffer der gewünschten Datei: ');
    ReadLn (K);
    IF (K<1) OR (K>Anzahl) THEN FehlerMeldung ('Falsche Dateinummer !');
  END
  ELSE FehlerMeldung ('Keine Dateien vom Typ '+Endung+' vorhanden !');
END.
```

Natürlich kann man auch darauf verzichten, die beiden Variablen *Pfad* und *Endung* zu deklarieren und die entsprechenden Inhalte direkt in die Aufrufe einsetzen. Beachten Sie, daß die im Hauptprogramm deklarierte Konstante *MaxDateien* auch in der Prozedur *ReadDir* benötigt wird.

Schließt eine Datei wie der TurboPascal-Befehl *Close*, fragt aber *IOResult* ab. Wenn versucht wird, eine nicht geöffnete Datei zu schließen, erzeugt *Close* einen *IOResult*-Fehler (103). Um weitere Ein-/Ausgaben nicht zu blockieren, muß *IOResult* ausgelesen werden.

```
PROCEDURE Shut (VAR Datei: Text);

VAR
  Nr: Byte;

BEGIN
  Close (Datei);
  Nr := IOResult;
END;
```

Der Aufruf dieser erweiterten Prozedur unterscheidet sich in keiner Weise von *Close*:

```
VAR
  Datei: Text;

BEGIN
  Assign (Datei,'DATEN.TXT');
  Reset (Datei);
  ...
  Shut (Datei);
  ...
END.
```

Diese Prozedur kann auch als FUNCTION definiert werden, die dann wie oben als Prozedur oder in erweiterter Form als Funktion verwendet werden kann:

```
FUNCTION Shut (VAR Datei: Text): Word;

BEGIN
  Close (Datei);
  Shut := IOResult;
END;
```

In diesem Falle wird der Fehlercode an die Funktion übergeben und kann somit im Hauptprogramm ausgewertet werden:

```
VAR
  Datei: Text;

BEGIN
  Assign (Datei,'DATEN.TXT');
  Reset (Datei);
  ...
  IF Shut (Datei) <> 0 THEN  FehlerMeldung ('I/O-Fehler !');
  ...
END.
```

Diese doppelte Verwendbarkeit einer Funktion ist aber erst ab Turbo Pascal 6.0 möglich.

Prüft, ob eine Datei bereits vorhanden ist. Gibt bei I/O-Fehler eine Fehlermeldung aus. Der Name der zu prüfenden Datei wird einschließlich der Endung übergeben. Er ist vom Typ *String12*, welcher im aufrufenden Programm deklariert werden muß. Der *StandardPfad*, in dem sich die Datei befinden soll, wird global definiert.

```
FUNCTION DateiVorhanden (DateiName: String12): Boolean;
BEGIN

  Assign (Datei,StandardPfad+DateiName);
  Reset (Datei);

  CASE IOResult OF
    0: DateiVorhanden := True;            { Datei gefunden }
    2: DateiVorhanden := False;           { Datei nicht vorhanden }
    ELSE BEGIN
           FehlerMeldung ('Allgemeiner I/O-Fehler !');
           DateiVorhanden := False;
         END;
  END;

  Shut (Datei);

END;
```

Ein Aufruf der Funktion könnte wie folgt aussehen, bei dem wir annehmen wollen, daß Sie einen bestimmten Teil Ihres Programms nur dann ausführen wollen, wenn es die Datei gibt.

```
TYPE
  String12 = STRING [12];
  String20 = STRING [20];

VAR
  StandardPfad: String20;
  DateiName:    String12;
  Datei:        Text;

BEGIN
  IF DateiVorhanden ('TEST.DAT') THEN
  BEGIN
    ...
  END;
END.
```

Eine typische Anwendung finden Sie in Rezept B.16.

Daß der Pfad global definiert wird ist sinnvoll, sobald es sich - wie in diesem Beispiel der Name des Pfades bereits verrät - um einen allgemeinen Pfad handelt. Anderenfalls könnte man den Pfad auch übergeben. In diesem Fall würde der Funktionskopf wie folgt aussehen:

```
FUNCTION DateiVorhanden (Pfad:      String20;
                         DateiName: String12): Boolean;
```

D.4 Öffnen einer Datei zum Lesen 37

Eröffnet eine Datei zum Lesen. Der Pfad und der vollständige Dateiname werden übergeben. Die Variable *Datei* muß im aufrufenden Programm deklariert werden. Der Befehl *Assign* ordnet der Variablen *Datei* den gewünschten Pfad mit Dateinamen zu. Anschließend wird die Datei mit *Reset* zum Lesen geöffnet. Wenn die Datei existiert, enthält *IOResult* den Wert 0. Falls keine Datei mit diesem Namen gefunden wurde, besitzt sie den Wert 2. Bei anderen Ein-/Ausgabefehlern können andere *IOResult*-Werte auftreten. In diesem Fall muß die Datei auf jeden Fall sofort wieder geschlossen werden und eine Fehlermeldung auf dem Bildschirm ausgegeben werden.

```
PROCEDURE OpenDateiEinlesen (Pfad:      String20;
                             DateiName: String12);

BEGIN

  Assign (Datei,Pfad+DateiName);
  Reset (Datei);

  CASE IOResult OF
    0: { Datei gefunden };
    2: { Datei nicht vorhanden };
    ELSE BEGIN
           Shut (Datei);
           FehlerMeldung ('Allgemeiner I/O-Fehler !');
         END;
  END;

END;
```

Bevor Sie Daten aus einer Datei, zum Beispiel vom Typ *Text*, lesen können, müssen Sie die Datei eröffnen.

```
TYPE
  String12 = STRING [12];
  String20 = STRING [20];

VAR
  Datei:     Text;
  Pfad:      String20;
  DateiName: String12;
  Zeile:     String20;

BEGIN
  Pfad      := '\DATEN\';
  DateiName := 'TEST.DAT';
  OpenDateiEinlesen (Pfad,DateiName);
  ReadLn (Datei,Zeile);
  WriteLn (Zeile);
  Shut (Datei);
END.
```

Das Beispiel setzt natürlich voraus, daß es ein Verzeichnis \DATEN und eine ASCII-Datei TEST.DAT gibt (in D.5 wird eine solche Datei erzeugt). Zum Schluß wird die Datei mit Hilfe der in Rezept D.2 behandelten Routine wieder geschlossen.

Wenn die Datei vom Typ *Text* ist, wird sie mit *Reset* nur zum Lesen geöffnet. Wenn sie untypisiert ist (zum Beispiel *VAR Datei: FILE OF TestRec*), wird zusätzlich noch die Recordgröße angegeben: z. B. *Reset (Datei,SizeOf(TestRec))*. In diesem Fall ist die Datei zum Lesen und Schreiben geöffnet.

Eröffnet eine Datei zum Schreiben. Der Befehl *Assign* ordnet der Variablen *Datei* den gewünschten Pfad mit Dateinamen zu. Anschließend wird die Datei mit *Rewrite* zum Schreiben geöffnet. Tritt hierbei ein Fehler auf, kann wiederholt oder abgebrochen werden, wobei gegebenenfalls ein neuer Pfad eingegeben werden kann.

```
PROCEDURE OpenDateiAuslesen (VAR Pfad:  String20;
                                 DateiName: String12);
VAR
  Wiederhole: (Ja,Nein);
  Antwort:    Char;
  PfadNeu:    String20;
  FehlerNr:   Word;
BEGIN
  REPEAT
    Assign (Datei,Pfad+DateiName);
    Rewrite (Datei);
    FehlerNr := IOResult;
    CASE FehlerNr OF
      0: Wiederhole := Nein;        { Datei gefunden - überschreiben }
      2: Wiederhole := Nein;        { Datei neu einrichten }
      ELSE  BEGIN
              Shut (Datei);
              FehlerMeldung ('Allgemeiner I/O-Fehler !');
              AlternativAbfrage ('Schreibversuch wiederholen',
                                 'J','N',Antwort);
              IF Antwort = 'J' THEN
              BEGIN
                Wiederhole := Ja;
                IF (FehlerNr <> 150) AND (FehlerNr <> 152) THEN
                BEGIN
                  Eingabe ('Neuer Pfad',20,'',PfadNeu);
                  IF PfadNeu <> '' THEN
                  BEGIN
                    Pfad := PfadNeu;
                    IF Pfad[Length(Pfad)] <> '\' THEN Pfad := Pfad+'\';
                  END;
                END;
              END
              ELSE  Wiederhole := Nein;
            END;
    END;
  UNTIL Wiederhole = Nein;
END;
```

Bevor Sie Daten in eine Datei, zum Beispiel vom Typ *Text*, schreiben können, müssen Sie die Datei eröffnen (Deklarationen wie in D.4).

```
BEGIN
  Pfad      := '\DATEN\';
  DateiName := 'TEST.DAT';
  OpenDateiAuslesen (Pfad,DateiName);
  WriteLn (Datei,'Erik Wischnewski');
  Shut (Datei);
END.
```

Das Beispiel setzt natürlich voraus, daß es ein Verzeichnis \DATEN gibt. Zum Schluß wird die Datei mit *Shut* geschlossen (siehe D.2).

Wenn die Datei vom Typ *Text* ist, wird sie mit *Rewrite* nur zum Schreiben geöffnet. Wenn sie untypisiert ist (zum Beispiel *VAR Datei: FILE OF TestRec*), wird sie mit Reset auch zum Schreiben geöffnet. Zusätzlich wird noch die Recordgröße angegeben: zum Beispiel *Reset (Datei,SizeOf(TestRec))*.

D.6 Erzeugen einer BackUp-Datei

Benennt eine Datei, die mit neuen Daten überschrieben werden soll, in eine .BU* Datei um. Eine vorhandene .BU* Datei wird dabei überschrieben. Der letzte Buchstabe der Endung (Suffix) wird automatisch gleich dem ersten Buchstaben des Suffix der normalen Datei gesetzt (siehe Hinweis).

```
PROCEDURE BackUpDatei (Pfad:      String20;
                       DateiName: String12);

VAR
  PosPunkt: Byte;
  FehlerNr: Word;
  KurzName: STRING [8];
  Endung:   STRING [4];

BEGIN

  PosPunkt := Pos('.',DateiName);
  KurzName := DateiName;
  Delete (KurzName,PosPunkt,12);
  Endung := '.BU' + DateiName [PosPunkt+1];

  Assign (Datei,Pfad+KurzName+Endung);
  Erase (Datei);
  FehlerNr := IOResult;
  Assign (Datei,Pfad+DateiName);
  Rename (Datei,Pfad+KurzName+Endung);

END;
```

Bevor Sie eine bestehende Datei überschreiben, ist es zweckmäßig, sie wie folgt zu sichern:

```
TYPE
  String12 = STRING [12];
  String20 = STRING [20];

VAR
  Datei:     Text;
  Pfad:      String20;
  DateiName: String12;

BEGIN
  Pfad      := '\DATEN\';
  DateiName := 'TEST.DAT';
  BackUpDatei (Pfad,DateiName);
  OpenDateiAuslesen (Pfad,DateiName);
  WriteLn (Datei,'Erik Wischnewski');
  Shut (Datei);
END.
```

Natürlich können Sie Ihre BackUp-Dateien auch anders bezeichnen. Die vorgeschlagene Notation deutet durch die Buchstaben BU auf BackUp hin, und der letzte Buchstabe deutet auch die Originaldatei hin. So heißt zum Beispiel eine .TXT-Datei als BackUp .BUT und eine .DAT-Datei heißt dann .BUD.

Es ist wichtig, daß im zweiten Teil der Prozedur nach *Erase* das *IOResult* ausgelesen wird. Dies kann nämlich im Falle, daß eine BackUp-Datei bereits existiert, ungleich Null sein, und würde dann dazu führen, daß das nachfolgende *Rename* nicht ausgeführt wird.

E EXPANSIONSSPEICHER (EMS)

Prüft, ob Erweiterungsspeicher vorhanden und der notwendige EMS-Treiber (*Expanded Memory Specification*) installiert ist. Der Treiber wird oftmals auch *Expanded Memory Manager* (EMM) genannt.

```
FUNCTION EMSInstalled: Boolean;

VAR
  Reg:        Registers;
  I:          Byte;
  DeviceName: STRING [8];

BEGIN
  WITH Reg DO
  BEGIN
    DeviceName := '';
    AH := 53;
    AL := 103;
    MSDOS (Reg);
    FOR I := 0 TO 7 DO  DeviceName := DeviceName + Chr (Mem [ES:10+I]);
    EMSInstalled := (DeviceName = 'EMMXXXX0');
  END;
END;
```

Wenn Sie wissen möchten, ob ein EMS-Treiber installiert ist, können Sie folgendes Programm erstellen und jederzeit als EXE starten. Dabei sollten Sie zuvor die einzelnen Routinen dieses Abschnittes (E.1 bis E.7) in einem Unit namens EMS einschließlich der benötigten Variablen verstaut haben.

```
UNIT EMS;

INTERFACE

  USES
    Dos,Crt;

  TYPE
    String4 = STRING [4];

  VAR
    EMSResult:      Word;            { EMS-Fehlercode }
    EMSSegment:     Word;            { EMS-Segment }
    EMSTotal:       Word;            { Gesamtzahl der EMS-Seiten je 16k }
    EMSFrei:        Word;            { freie EMS-Seiten je 16k }
    EMSHandle:      Word;            { EMS-Handle }
    EMSVersionsNr:  String4;         { Versions-Nr. des EMS-Treibers }

  FUNCTION  EMSInstalled: Boolean;
  PROCEDURE EMSAdresse (VAR EMSSegment: Word;
                        VAR EMSResult:  Word);
  PROCEDURE EMSAvail (VAR EMSTotal:  Word;
                      VAR EMSFrei:   Word;
                      VAR EMSResult: Word);
  PROCEDURE EMSOpen (EMSAnzahl:      Word;
                     VAR EMSHandle: Word;
                     VAR EMSResult: Word);
  PROCEDURE EMSMap (EMSHandle:      Word;
                    EMSLogPage:     Word;
                    EMSPhysPage:    Word;
                    VAR EMSResult: Word);
  PROCEDURE EMSClose (EMSHandle:      Word;
                      VAR EMSResult: Word);
  PROCEDURE EMSVersion (VAR EMSVersionsNr: String4;
                        VAR EMSResult:     Word );
```

```
IMPLEMENTATION

  { hier werden die einzelnen Rezepte eingetragen }

END.
```

Zusätzlich zu den Modulen des neuen Units EMS benötigen Sie noch die Umwandlung von Dezimal in Hexadezimal, wie sie in Rezept T.1 beschrieben wird.

```
PROGRAM EMSTest;

USES Dos,Crt,EMS;

FUNCTION Hex (K: Word): String4;                    { siehe Rezept T.1 }
...

BEGIN
  IF EMSInstalled THEN
  BEGIN
    EMSVersion (EMSVersionsNr,EMSResult);
    WriteLn ('EMS ',EMSVersionsNr,' ist installiert !');
    EMSAdresse (EMSSegment,EMSResult);
    WriteLn ('EMS-Segment = ',EMSSegment,' = $',Hex(EMSSegment));
    EMSAvail (EMSTotal,EMSFrei,EMSResult);
    WriteLn ('Gesamtzahl der EMS-Seiten = ',EMSTotal);
    WriteLn ('Anzahl freier  EMS-Seiten = ',EMSFrei);
  END
  ELSE  WriteLn ('EMS ist nicht installiert !');
END.
```

Wofür ist EMS überhaupt gut?

EMS-Treiber sind notwendig, um Zusatzspeicher zu nutzen, wenn Sie zum Beispiel einen Rechner mit 2 MByte RAM besitzen. Sie müssen den EMS-Treiber, der Namen wie EMM.SYS, EMS4.SYS oder NEATEMM.SYS besitzen kann, in Ihre CONFIG.SYS schreiben:

```
DEVICE = EMM.SYS
DEVICE = \DOS\EMS4.SYS
```

Beim ersten Beispiel befindet sich der EMS-Treiber EMM.SYS im Hauptverzeichnis, im zweiten Fall befindet sich der EMS-Treiber EMS4.SYS im Verzeichnis \DOS.

Ein solcher EMS-Treiber wird beim Kauf von Zusatzspeicher automatisch mitgeliefert. In zahlreichen preiswerten Offerten fehlt er allerdings. Dann müssen Sie bei Ihrem Händler darauf bestehen, einen passenden EMS-Treiber zu erhalten. Sie würden ja auch kein Auto ohne Motor kaufen. Ebenso ist es ein Kuhhandel, EMS-Speicher ohne den benötigten Softwaretreiber zu verkaufen.

Achtung! Beim 386er-Rechner (und natürlich auch beim 486er) ist die Situation noch etwas differentierter. Neben der Verwendung eines normalen EMS-Treibers kann man die zusätzlichen RAMs auch mit Hilfe der ab MS-DOS 4.0 gelieferten Treiber HIMEM.SYS und EMM386 (als SYS oder als EXE) erschließen. Diese Dateien gehören auch zum Lieferumfang von Windows 3.0/386. Hier wird durch den Treiber HIMEM.SYS der Zusatzspeicher als sogenannter *Extended Memory* (!) genutzt, während der EMM386-Treiber innerhalb dieses anders organisierten Erweiterungsspeichers den EMS-Speicher emuliert (nachbildet).

Liefert die physikalische Basisadresse (= Segment), bei der die erste EMS-Seite beginnt. Diese befindet sich im Bereich zwischen 640 kByte und 1 MByte, also im sogenannten Upper Memory Block.

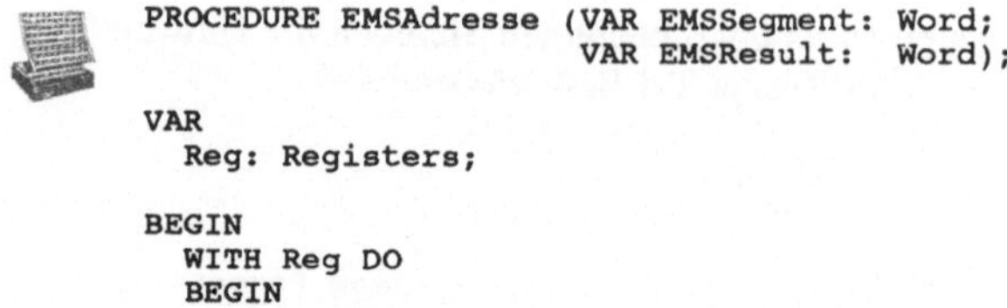

```
PROCEDURE EMSAdresse (VAR EMSSegment: Word;
                      VAR EMSResult:  Word);

VAR
  Reg: Registers;

BEGIN
  WITH Reg DO
  BEGIN
    AH := 65;
    Intr (103,Reg);
    EMSSegment := BX;
    EMSResult  := AH;
  END;
END;
```

Sie finden nachfolgend die klassische Vorgehensweise. Dabei merken Sie sich zunächst die Segmentadresse der physikalischen EMS-Seiten, um sie später in Ihren Anwendungen benutzen zu können. Dann ermitteln Sie den noch freien Speicherplatz, um ihn anschließend gleich für Ihre Anwendungen voll reservieren zu können. Innerhalb Ihrer Anwendungen müssen Sie einzelne logische Seiten (aus dem maximal 8 MByte großen EMS-Speicher) einer physikalischen Seite, mit der Sie real nur arbeiten können, zuordnen. Dann kommen Ihre speziellen Statements, mit denen Sie Ihre Daten bearbeiten und im EMS-Speicher ablegen. Vor Verlassen des Programms müssen Sie den reservierten EMS-Speicher wieder freigeben.

```
EMSAdresse (EMSSegment,EMSResult);          { Adresse merken }
EMSAvail (EMSTotal,EMSFrei,EMSResult);      { freien Speicher bestimmen }
EMSOpen (EMSFrei,EMSHandle,EMSResult);      { freien Speicher reservieren }
...                                         { ... Anwendung }
EMSMap (EMSHandle,0,0,EMSResult);           { Speicher zuordnen }
...                                         { ... Anwendung }
EMSClose (EMSHandle,EMSResult);             { Speicher freigeben }
```

Der Record-Typ *Registers* ist im TurboPascal-Unit *Dos* definiert. Die Bedeutung seiner Elemente können Sie im Programmierhandbuch von TurboPascal nachlesen. Er wird für Variable benötigt, in die der Inhalt bestimmter BIOS-Register gelesen werden soll. Hierfür stehen die Prozeduren *MSDOS* und *Intr* zur Verfügung.

Bestimmt die Größe des EMS-Speichers. Dies betrifft sowohl die Gesamtzahl vorhandener EMS-Seiten zu je 16 kByte (*EMSTotal*) als auch die noch verfügbare Seitenzahl (*EMSFrei*), ebenfalls zu je 16 kByte Umfang. Falls ein Fehler auftritt, wird der Fehlercode in *EMSResult* übergeben.

```
PROCEDURE EMSAvail (VAR EMSTotal:  Word;
                    VAR EMSFrei:   Word;
                    VAR EMSResult: Word);

VAR
  Reg: Registers;

BEGIN
  WITH Reg DO
  BEGIN
    AH := 66;
    Intr (103,Reg);
    EMSFrei   := BX;
    EMSTotal  := DX;
    EMSResult := AH;
  END;
END;
```

Je nach Ausbaustufe Ihres Zusatzspeichers erhalten Sie unterschiedliche Ergebnisse für *EMSTotal*. Mit Hilfe der Zeilen

```
EMSAvail (EMSTotal,EMSFrei,EMSResult);
WriteLn ('Gesamter Erweiterungsspeicher:  ',EMSTotal,' EMS-Seiten');
WriteLn ('Freier Erweiterungsspeicher:    ',EMSFrei,' EMS-Seiten');
```

erhalten Sie je nach Ausbaustufe folgende Werte:

gesamter Hauptspeicher	Erweiterungsspeicher	Anzahl von EMS-Seiten
1 MByte	384 kByte	24
2 MByte	1408 kByte	88
4 MByte	3456 kByte	216
8 MByte	7552 kByte	472

Hierbei beachten Sie bitte, daß 1 MByte = 1024 kByte und 1 kByte = 1024 Byte sind. Der Erweiterungsspeicher entspricht dem gesamten Hauptspeicher (RAM) abzüglich der berühmten 640 kByte für den konventionellen DOS-Speicher.

Der Record-Typ *Registers* ist im TurboPascal-Unit *Dos* definiert. Die Bedeutung seiner Elemente können Sie im Programmierhandbuch von TurboPascal nachlesen.

Fordert eine oder mehrere EMS-Seiten über einen EMS-Aufruf an (reserviert diese und macht sie benutzbar). Die angeforderte Seite erhält eine Identifikationsnummer, das sogenannte Handle (*EMSHandle*). Die Seiten müssen unbedingt mit *EMSClose* wieder geschlossen werden.

```
PROCEDURE EMSOpen (EMSAnzahl:     Word;
                   VAR EMSHandle: Word;
                   VAR EMSResult: Word);

VAR
  Reg: Registers;

BEGIN
  WITH Reg DO
  BEGIN
    AH := 67;
    BX := EMSAnzahl;
    Intr (103,Reg);
    EMSHandle := DX;
    EMSResult := AH;
  END;
END;
```

Nehmen Sie an, Sie hätten eine Anwendung, bei der Sie unterschiedliche Daten in zwei verschiedene EMS-Bereiche ablegen möchten. Für den einen Bereich benötigen Sie 25 kByte und für den anderen 40 kByte. Da Sie den EMS-Speicher nur in 16 kByte großen Stücken verwalten können (= eine EMS-Seite), müssen Sie für den ersten Bereich zwei und für den anderen Bereich drei EMS-Seiten reservieren. Zusammen brauchen Sie also fünf EMS-Seiten, die noch frei sein müssen (siehe IF-Abfrage). Der *Expanded Memory Manager* legt beim Reservieren der beiden Speicherbereiche zwei verschiedene Handle' s an, die den Variablen *EMSHandle1* und *EMSHandle2* zugeordnet werden.

```
EMSAvail (EMSTotal,EMSFrei,EMSResult);
IF EMSFrei < 5 THEN
BEGIN
  FehlerMeldung ('Nicht genügend EMS-Speicher !');
  Halt;
END;
EMSOpen (2,EMSHandle1,EMSResult);
EMSOpen (3,EMSHandle2,EMSResult);
...
{ Anwendungen für beide Speicherbereiche }
...
EMSClose (EMSHandle1,EMSResult);
EMSClose (EMSHandle2,EMSResult);
```

Das ebenfalls ausgelesene Fehler-Register AH, dessen Inhalt der Variablen EMSResult übertragen wird, kann im aufrufenden Programm ausgewertet werden. Innerhalb der EMS-Prozeduren wird auf die Auswertung verzichtet.

Ordnet einer physikalischen EMS-Seite des hohen DOS-Adreßbereichs (640 kByte bis 1 MByte) eine logische Speicherseite des Expanded Memory (bis 8 MByte) zu. Jede Zuordnung geschieht über eine Identifikationsnummer, das sogenannte Handle (*EMSHandle*). Damit ordnet sich eine Anwendung (ein Anwendungsprogramm) den entsprechenden Speicherplatz des EMS für ihre (seine) Zwecke zu. Vor Aufruf von *EMSMap* muß *EMSOpen* aufgerufen werden. Dies ist schon deshalb logisch, weil sonst ja gar kein *EMSHandle* existiert.

```
PROCEDURE EMSMap (EMSHandle:     Word;
                  EMSLogPage:    Word;
                  EMSPhysPage:   Word;
                  VAR EMSResult: Word);
VAR
  Reg: Registers;

BEGIN
  WITH Reg DO
  BEGIN
    AH := 68;
    AL := EMSPhysPage;
    BX := EMSLogPage;
    DX := EMSHandle;
    Intr (103,Reg);
    EMSResult := AH;
  END;
END;
```

Bevor Sie die Daten im Speicher bearbeiten können (ein-/auslesen), müssen Sie die Verbindung zwischen der physikalischen und logischen EMS-Seite herstellen:

```
EMSOpen (2,EMSHandle1,EMSResult);
EMSMap (EMSHandle1,0,0,EMSResult);
EMSMap (EMSHandle1,1,3,EMSResult);
EMSOpen (6,EMSHandle2,EMSResult);
EMSMap (EMSHandle2,4,1,EMSResult);
EMSMap (EMSHandle2,5,2,EMSResult);
...
EMSClose (EMSHandle1,EMSResult);
EMSClose (EMSHandle2,EMSResult);
```

Es werden insgesamt acht logische EMS-Seiten in zwei Gruppen (Handle's) den physikalischen Seiten 0 bis 3 zugeordnet. Dabei wird in diesem Beispiel die Zuordnung so gewählt, daß zwei logische Seiten dem ersten Handle und sechs weitere logische Seiten dem zweiten Handle zugewiesen werden.

phys. Seite	Handle	log. Seite
0	1	0
1	2	4
2	2	5
3	1	1

Die logischen Seiten werden in Gruppen, den sogenannten Handle's, unterteilt und innerhalb dieser ab 0 numeriert (*EMSHandle1*: 0 bis 1, *EMSHandle2*: 0 bis 5). Da nur vier physikalischen Seiten gleichzeitig belegt werden können, wird in diesem Beispiel die Zuordnung so gewählt, daß die beiden logischen Seiten des *EMSHandle1* den physikalischen Seiten 0 und 3 und die beiden letzten logischen Seiten des *EMSHandle2* (nämlich die Seiten 4 und 5) den physikalischen Seiten 1 und 2 zugeordnet werden. Diese Zuordnung wird im Programm ständig wechseln.

Gibt die zuvor mit *EMSOpen* belegten EMS-Seiten wieder frei. Betroffen sind nur die Seiten mit dem entsprechenden Handle.

```
PROCEDURE EMSClose (EMSHandle:     Word;
                    VAR EMSResult: Word);

VAR
  Reg: Registers;

BEGIN
  IF NOT EMSInstalled THEN  Exit;
  WITH Reg DO
  BEGIN
    AH := 69;
    DX := EMSHandle;
    Intr (103,Reg);
    EMSResult := AH;
  END;
END;
```

Sie finden nachfolgend die klassische Vorgehensweise. Dabei merken Sie sich zunächst die Segmentadresse der physikalischen EMS-Seiten, um sie später in Ihren Anwendungen benutzen zu können. Dann ermitteln Sie den noch freien Speicherplatz, um ihn anschließend gleich für Ihre Anwendungen voll reservieren zu können. Innerhalb Ihrer Anwendungen müssen Sie einzelne logische Seiten (aus dem maximal 8 MByte großen EMS-Speicher) einer physikalischen Seite, mit der Sie real nur arbeiten können, zuordnen. Dann kommen Ihre speziellen Statements, mit denen Sie Ihre Daten bearbeiten und im EMS-Speicher ablegen. Vor Verlassen des Programms müssen Sie den reservierten EMS-Speicher wieder freigeben.

```
EMSAdresse (EMSSegment,EMSResult);          { Adresse merken }
EMSAvail (EMSTotal,EMSFrei,EMSResult);      { freien Speicher bestimmen }
EMSOpen (EMSFrei,EMSHandle,EMSResult);     { freien Speicher reservieren }
...                                         { ... Anwendung }
EMSMap (EMSHandle,0,0,EMSResult);           { Speicher zuordnen }
...                                         { ... Anwendung }
EMSClose (EMSHandle,EMSResult);             { Speicher freigeben }
```

Würde man die EMS-Seiten nicht freigeben, so könnte kein weiteres Programm, auch nicht das eigene Programm bei erneutem Start, auf die EMS-Seiten zugreifen.

E.7 Version des EMS-Treibers

Bestimmt die Versions-Nr. des EMS-Treibers (*Expanded Memory Specification*). Gängige Versionen sind 3.2 und 4.0. Im Falle eines Fehlers ist *EMSResult* ungleich Null.

```
PROCEDURE EMSVersion (VAR EMSVersionsNr: String4;
                      VAR EMSResult:     Word );

VAR
  Reg: Registers;

BEGIN
  WITH Reg DO
  BEGIN
    AH := 70;
    Intr (103,Reg);
    EMSResult := AH;
    IF EMSResult = 0 THEN
      EMSVersionsNr := Char(AL DIV 16 + 48)+'.'+Char(AL MOD 16 + 48);
  END;
END;
```

Folgendes kleine Programm ermöglicht Ihnen die Ausgabe der Versionsnummer.

```
PROGRAM EMSVer;

USES Dos,Crt,EMS;

BEGIN
  IF EMSInstalled THEN
  BEGIN
    EMSVersion (EMSVersionsNr,EMSResult);
    WriteLn ('EMS ',EMSVersionsNr,' ist installiert !');
  END
  ELSE  WriteLn ('EMS ist nicht installiert !');
END.
```

Das Register AL enthält die Versionsnummer im BCD-Format. Das bedeutet, daß die Version 3.2 beispielsweise wie folgt aussieht: die dezimale Zahl 3 hat das BCD-Format 0011 und die dezimale Zahl 2 hat das BCD-Format 0010. Beide zusammengefaßt ergeben 00110010. Teilt man diese Zahl, die als ganzes interpretiert 50 bedeutet, durch 16, dann erhält man 3. Die Funktion MOD ermittelt den Rest von 3· 16 zu 50, also 2. Man kann auch die Bits des Registers um vier Stellen nach rechts schieben (shift right = SHR), so daß die vier rechten Bits (0010) wegfallen und die ehemals vier linken Bits nun allein da stehen. Diese ergeben den Wert 3. Verknüpft man andererseits die 8stellige BCD-Zahl mit 15 (= 00001111) logisch AND, dann werden nur die rechten vier Bits interpretiert, so daß sich hierbei die Zahl 2 ergibt.

```
EMSVersionsNr := Char (AL SHR 4 + 48) + '.' + Char (AL AND 15 + 48);
```

Die Addition von 48 ist notwendig, weil die Ziffern in ASCII-Code gewandelt werden sollen, um somit als Zeichen (Char) verarbeitet werden zu können, zum Beispiel zu einer Zeichenkette (String).

Dieses Beispiel soll die Bedeutung und Verknüpfung der einzelnen EMS-Befehle in einer einfachen Anwendung verdeutlichen.

```
PROGRAM EMSDemonstration;

USES Dos,Crt,EMS;

CONST
  LaengeDatensatz = 60;

TYPE
  DatensatzTyp = STRING [LaengeDatensatz];

VAR
  Anschrift: DatensatzTyp;
  Nr:        Word;

FUNCTION SeitenPtr (Datensatz: Word): Pointer;
VAR
  EMSDiff:    LongInt;
  LogPage:    Word;
  LogPageOfs: Word;
BEGIN
  EMSDiff    := LongInt (Datensatz) * LaengeDatensatz;
  LogPage    := EMSDiff DIV 16384;
  LogPageOfs := EMSDiff MOD 16384;
  SeitenPtr  := Ptr (EMSSegment,LogPageOfs);
  EMSMap (EMSHandle,LogPage,0,EMSResult);
  IF EMSResult <> 0 THEN
    FehlerMeldung ('Fehler bei Anforderung einer EMS-Seite !');
END;

FUNCTION Datum (Datensatz: Word): String;
BEGIN
  Datum := String (SeitenPtr(Datensatz)^);
END;

PROCEDURE SetDatum (Datensatz:  Word;
                    HilfsDatum: String);
BEGIN
  String (SeitenPtr(Datensatz)^) := HilfsDatum;
END;

PROCEDURE DatensatzCopy (von:  Word;
                         nach: Word);
BEGIN
  DatensatzTyp (SeitenPtr(nach)^) := DatensatzTyp (SeitenPtr(von)^);
END;

BEGIN

  IF EMSInstalled THEN                     { vorbereitende EMS-Maßnahmen }
  BEGIN
    EMSAvail (EMSTotal,EMSFrei,EMSResult);
    IF EMSResult = 0 THEN
    BEGIN
      EMSOpen (EMSFrei,EMSHandle,EMSResult);
      IF EMSResult = 0 THEN  EMSAdresse (EMSSegment,EMSResult);
    END
    ELSE  FehlerMeldung ('Fehler bei Ermittlung EMS-Speicher !');
  END
  ELSE
  BEGIN
    FehlerMeldung ('Kein EMS installiert !');
    Halt;
  END;
```

```
    FOR Nr := 1 TO 5 DO                                { Eingabe von Daten }
    BEGIN
      Write ('Name, Anschrift: ');
      ReadLn (Anschrift);
      SetDatum (Nr,Anschrift);
    END;

    FOR Nr := 1 TO 5 DO  WriteLn (Datum(Nr));          { Ausgabe der Daten }

    DatensatzCopy (1,2);                         { Jetzt steht im 2.Datensatz }
                                                { dasselbe wie im 1.Datensatz }
    FOR Nr := 1 TO 5 DO  WriteLn (Datum(Nr));
    EMSClose (EMSHandle,EMSResult);

  END.
```

Jetzt steht an dieser Stelle einmal nicht viel, denn die Anwendung finden Sie ja bereits im Listing zuvor. Einen Tip möchte ich aber dennoch geben. Es ist zweckmäßig, die Funktionen *SeitenPtr* und *Datum* sowie die Prozeduren *SetDatum* und *DatensatzCopy* in einer Datei EMSIO unterzubringen, die man in jedes Anwendungsprogramm mit {$I EMSIO} hineinlädt. Sie können diese Module nicht mit ins Unit EMS packen, weil die Funktion *SeitenPtr* die Konstante *LaengeDatensatz* und die Prozedur *DatensatzCopy* den Typ *DatensatzTyp* kennen müssen.

In der Funktion *SeitenPtr* gibt die Variable *EMSDiff* an, wo der genannte Datensatz im EMS-Speicher steht und zwar in Bytes gerechnet. Die Größe *LogPage* (logische Seite mit 16 kByte) gibt an, auf der wievielten EMS-Seite dieser Datensatz steht, während *LogPageOfs* angibt, wo innerhalb dieser logischen Seite der Datensatz steht, wiederum in Byte gezählt. Die Variable *LogPage* ist wichtig, um diese logische Seite in die physikalische Seite 0 »mappen« zu können. *LogPageOfs* (Offset) ist wichtig, um zusammen mit dem EMS-Segment die komplette Adresse (Pointer) des Datensatzes zu berechnen.

Um nun Daten in den EMS-Speicher zu schreiben oder aus ihm herauszulesen, muß man nur einen entsprechenden Zeiger (Pointer) auf ihn setzen. Dies geschieht mit der Funktion *Datum* und der Prozedur *SetDatum*. Möchte man also den 3.Datensatz haben, so setzt die Funktion Datum einen Zeiger auf *SeitenPtr(3)* und nimmt den Inhalt, der dahinter steht (dies wird durch das ^ bewirkt). Da dieser Inhalt als Zeichenkette weiterverarbeitet werden soll, wird noch eine Typwandlung mit *String* durchgeführt. Analog erfolgt das Beschreiben des EMS-Speichers mit Daten.

Die Prozedur *DatensatzCopy* hat eigentlich nichts mit der Grundausstattung zu tun. Sie ist aber manchmal recht nützlich und demonstriert sehr anschaulich die Einfachheit der Anwendung. Möchten Sie nämlich einen ganzen Datensatz (das kann ein String, ein Array oder auch ein Record sein), in einen anderen Datensatz kopieren, dann brauchen Sie nicht erst alle Daten einzeln mit *Datum* aus dem einen Datensatz auszulesen und mit *SetDatum* in den anderen Datensatz hineinzuschreiben, sondern rufen nur diese Prozedur auf.

Wie schon im letzten Absatz angedeutet, ist es völlig egal, wie Ihr Datensatz strukturiert ist. In diesem Beispiel wird ein einfacher String verwendet, Sie können aber auch ohne weiteres kompliziertere Typen deklarieren.

52

G Graphik

Schaltet den Graphikmodus ein und setzt die Farbpalette für den Graphikmodus. Hierzu müssen zuvor die Variablen *GraphDriver* und *GraphMode* entsprechend der vorhandenen Graphikkarte beziehungsweise der gewählten Graphikauflösung gesetzt werden. *InitGraph* schaltet dann den Graphikmodus ein. Die Variable *DirectVideo* wird auf *False* gesetzt, damit die Textausgabe auch mit dem Befehl *Write* erfolgen kann. Die Variable *VideoModus* ist eine private Variable vom Typ *(GraphikModus,TextModus)*, die in den Anwendungen zur bequemen Unterstützung, welcher Modus gerade aktiv ist, verwendet werden kann. Für das Setzen der Farbpalette muß die Variable *PaletteGraphik*, zum Beispiel als typisierte Konstante, vorbesetzt werden. Ebenfalls müssen die beiden Variablen *XSkala* und *YSkala*, die die Bildschirmauflösung, zum Beispiel 640×480, angeben, global definiert werden (siehe G.3). Die Prozedur *SetViewPort* sorgt dafür, daß keine Graphikaktionen außerhalb der gewählten Auflösung, also außerhalb des Bildschirmes, möglich sind. Mit anderen Worten, es setzt das Graphikfenster von links oben bis rechts unten und schneidet alle Graphiken am Rande ab (*ClipOn*).

```
PROCEDURE GraphON;
BEGIN
  InitGraph (GraphDriver,GraphMode,'');
  DirectVideo := False;
  VideoModus  := GraphikModus;
  SetAllPalette (PaletteGraphik);
  SetViewPort (0,0,XSkala-1,YSkala-1,ClipOn);
END;
```

Das folgende Beispiel zeigt die notwendigen Vorbereitungen und den prinzipiellen Aufruf.

```
PROGRAM GraphikDemo;
USES  Dos,Crt,Graph;

CONST
 PaletteGraphik: PaletteType =
        (Size: 16; Colors: (0,1,2,3,4,5,20,7,56,57,58,59,36,61,62,55));

TYPE
  String12 = STRING [12];

VAR
   Aufloesung: String12;
   XSkala:     Word;
   YSkala:     Word;
   VideoModus: (GraphikModus,TextModus);

BEGIN
  Aufloesung := '720*348';
  AufloesungSetzen (Aufloesung,XSkala,YSkala);             { siehe G.3 }
  GraphON;
  ...
  GraphOFF;                                                { siehe G.2 }
END.
```

Bei der Farbpalette wurden die Standard-EGA-Farben - wie sie bei einer VGA-Karte mit 64 Farben gelten - eingetragen, wobei die Farbe hellrot (60) durch 36 (leuchtendrot) und die Farbe schneeweiß (63) durch eierschalenfarbig (55) ersetzt wurden. Der angegebene *PaletteType* ist im TurboPascal-Unit *Graph* definiert.

Für Ihre Notizen.

G.2 Graphikmodus ausschalten 55

Schaltet den Graphikmodus aus und setzt die Farbpalette für den Textmodus zurück. Die eigentliche Ausschaltung des Graphikmodus erfolgt durch den Befehl *CloseGraph*. Analog zu *GraphON* muß aber *DirectVideo* wieder auf *True* gesetzt werden, weil hierdurch die Textausgabe wesentlich schneller erfolgt (siehe B.9). Außerdem wird natürlich die bereits im Rezept G.1 beschriebene Variable *VideoModus* auf *TextModus* gesetzt. Schließlich muß die Farbpalette für den Textmodus neu gesetzt werden. Dies geschieht mit der Prozedur *FarbPaletteSetzen*, die im Rezept B.5 beschrieben wird.

```
PROCEDURE GraphOFF;
BEGIN
  CloseGraph;
  DirectVideo := True;
  VideoModus  := TextModus;
  FarbPaletteSetzen (PaletteText);
END;
```

Das folgende Beispiel zeigt die notwendigen Vorbereitungen und den prinzipiellen Aufruf.

```
PROGRAM GraphikDemo;

USES Dos,Crt,Graph;

TYPE
  String12   = STRING [12];
  PaletteArr = ARRAY [0..16] OF Byte;

CONST
  PaletteText: PaletteArr =
               (0,1,2,3,4,5,20,7,56,57,58,59,60,61,62,63,0);

VAR
  Aufloesung: STRING [12];
  XSkala:     Word;
  YSkala:     Word;
  VideoModus: (GraphikModus,TextModus);

BEGIN
  Aufloesung := '640*350';
  AufloesungSetzen (Aufloesung,XSkala,YSkala);          { siehe G.3 }
  GraphON;                                              { siehe G.1 }
  ...
  GraphOFF;
END.
```

Die Farbpalette enthält die Farbwerte der Standard-EGA-Palette, wie sie bei einer VGA-Karte mit 64 Farben gelten. Der letzte Eintrag gibt die Farbe des nicht aktiven Bildschirmrandes (Overscan = Überstand) an, der hier schwarz (0) gewählt wurde.

Für Ihre Notizen.

Entsprechend einer vorgegebenen Graphik-Auflösung werden die entsprechenden TurboPascal-Variablen *GraphDriver* und *GraphMode* zur Initialisierung des Graphikbildschirmes gesetzt. Gleichzeitig werden die Skalengrößen *XSkala* und *YSkala* zurückgegeben. Wird als Auflösung *»automatisch«* übergeben, so wird *GraphDriver = Detect* gesetzt (*GraphMode* braucht in diesem Falle nicht gesetzt werden). Um die zugehörigen Skalenwerte zu erhalten, muß der Graphikmodus initialisiert werden. Nun können die vordefinierten Funktionen *GetMaxX* und *GetMaxY* zur Ermittlung der Auflösung verwendet werden. Dabei ist zu beachten, daß diese um einen Zähler kleiner sind als die Auflösung, weil die Punkte von Null ab gezählt werden.

```
PROCEDURE AufloesungSetzen (Aufloesung: String12;
                            VAR XSkala: Word;
                            VAR YSkala: Word);

BEGIN

  XSkala := IWert (Aufloesung,RestDatum);
  YSkala := IWert (RestDatum,RestDatum);

  IF Aufloesung = 'automatisch' THEN
  BEGIN
    GraphDriver := Detect;
    InitGraph (GraphDriver,GraphMode,'');
    XSkala := GetMaxX + 1;
    YSkala := GetMaxY + 1;
    CloseGraph;
  END;

  IF Aufloesung = '720*348' THEN
  BEGIN
    GraphDriver := HercMono;
    GraphMode   := HercMonoHi;
  END;

  IF Aufloesung = '320*200' THEN
  BEGIN
    GraphDriver := CGA;
    GraphMode   := CGAC2;
  END;

  IF Aufloesung = '640*200' THEN
  BEGIN
    GraphDriver := EGA;
    GraphMode   := EGALo;
  END;

  IF Aufloesung = '640*350' THEN
  BEGIN
    GraphDriver := EGA;
    GraphMode   := EGAHi;
  END;

  IF Aufloesung = '640*480' THEN
  BEGIN
    GraphDriver := VGA;
    GraphMode   := VGAHi;
  END;

END;
```

Die oben vorgestellte Prozedur *AufloesungSetzen* ist allgemein verwendbar. Die Parameter GraphDriver, GraphMode, EGA, EGAHi, usw. sind im TurboPascal-Unit *Graph* deklariert. Nehmen wir an, Sie wollten irgendwo im Programm intern oder über Tastatur oder über eine Initialisierungsdatei die graphische Auflösung beeinflussen. Sie wollen einerseits, daß TurboPascal den Graphiktreiber und den Graphikmodus automatisch auswählt (nämlich mit Hilfe der BIOS-Informationen), und daraufhin die Auflösungsparameter *XSkala* und *YSkala* setzt. Sie wollen aber auch andererseits die Graphikauflösung selbst bestimmen können, so daß daraufhin der entsprechende Graphiktreiber und -modus gesetzt wird.

```
PROGRAM GraphikDemo;

USES Dos,Crt,Graph;

TYPE
  String12 = STRING [12];

VAR
  Aufloesung: String12;
  XSkala:     Word;
  YSkala:     Word;

BEGIN
  Aufloesung := 'automatisch';
  AufloesungSetzen (Aufloesung,XSkala,YSkala);
  GraphON;
  ...
  GraphOFF;
END.
```

Eine vollständige Liste aller Parameter für *GraphDriver* und *GraphMode* befindet sich im TurboPascal-Handbuch. Zu jedem *GraphDriver* gehören im allgemeinen mehrere *GraphMode*. Hinter den Begriffen, wie zum Beispiel EGAHi, verbergen sich natürlich nur einfache Zahlenwerte, die als Konstanten im Unit *Graph* definiert werden.

Dieses Unit implementiert die als OBJ-Datei vorliegenden Graphiktreiber und Schriftfonts. Dadurch müssen Sie bei Graphikprogrammen die BGI-Dateien nicht mitliefern, wenn Sie Ihre TurboPascal-Programme an andere weitergeben wollen.

```
UNIT Graphik;

INTERFACE
  USES Dos,Crt,Graph;
  PROCEDURE HerculesTreiber;
  PROCEDURE EGAVGATreiber;
  PROCEDURE Kleinschrift;

IMPLEMENTATION
  PROCEDURE HerculesTreiber;  EXTERNAL;
  PROCEDURE EGAVGATreiber;    EXTERNAL;
  PROCEDURE Kleinschrift;     EXTERNAL;
  {$L HERC   }
  {$L EGAVGA }
  {$L LITT   }

BEGIN
  IF (RegisterBGIDriver (@HerculesTreiber) < 0) OR
     (RegisterBGIDriver (@EGAVGATreiber)   < 0) OR
     (RegisterBGIFont   (@Kleinschrift)    < 0)
  THEN FehlerMeldung ('Graphiktreiber-Fehler !');
END.
```

Das folgende Beispiel zeigt die Einbindung des Units *Graphik*.

```
PROGRAM GraphikDemo;

USES Dos,Crt,Graph,Graphik;

TYPE
  String12 = STRING [12];

VAR
  Aufloesung: String12;
  XSkala:     Word;
  YSkala:     Word;

BEGIN
  Aufloesung := '640*480';
  AufloesungSetzen (Aufloesung,XSkala,YSkala);
  GraphON;
  ...
  GraphOFF;
END.
```

Damit Sie die benötigten Graphik-Treiber (BGI) und Zeichensätze (CHR) mit $L ins Unit laden können, müssen Sie diese Dateien mit Hilfe des Programmes BINOBJ.EXE in Objektdateien (OBJ) wandeln. Dazu ist beispielsweise folgende Zeile auf Betriebssystemebene einzugeben:

```
BINOBJ HERC.BGI HERC.OBJ HerculesTreiber
```

Als letzte Angabe wird der Prozedurname angegeben, unter dem der Treiber oder der Zeichensatz mit $L ins Programm (Unit) eingebunden werden soll.

Die eigentliche Einbindung ins Programm erfolgt mit *RegisterBGIDriver* und *RegisterBGIFont*, deren Aufrufe die Adresse der Prozeduren enthalten (z.B. @Kleinschrift). Gleichzeitig liefert die Funktion einen Fehlercode zurück.

Ausgabe eines Textes linksbündig, zentriert und rechtsbündig bezüglich eines vorgegebenen Feldes.

```
CASE PositionUntertitel OF
   'L': BEGIN
          X := AchsenSchnittpunktX;
          Y := AchsenSchnittpunktY + 20;
          SetTextJustify (LeftText,TopText);
        END;
   'M': BEGIN
          X := AchsenSchnittpunktX + LaengeX DIV 2 + 5;
          Y := AchsenSchnittpunktY + 20;
          SetTextJustify (CenterText,TopText);
        END;
   'R': BEGIN
          X := AchsenSchnittpunktX + LaengeX + 10;
          Y := AchsenSchnittpunktY + 20;
          SetTextJustify (RightText,TopText);
        END;
END;
SetTextStyle (DefaultFont,HorizDir,1);
OutTextXY (X,Y,Untertitel);
```

Um den oben genannten Programmcode in eine Anwendung einbinden zu können, müssen Sie die Variable *PositionUntertitel* als *Char* deklarieren und entsprechend der gewünschten Position mit 'L' (linksbündig) oder 'M' (mittig) oder 'R' (rechtsbündig) vorbesetzen. Weiterhin müssen die Variablen *AchsenschnittpunktX*, *AchsenschnittpunktY*, *LaengeX* und *Untertitel* im Hauptprogramm deklariert und besetzt werden.

Das abgebildete Listing gilt für ein Koordinatensystem, bei dem unter der X-Achse ein Untertitel stehen soll. Die X-Achse ist durch Y = AchsenschnittpunktY gekennzeichnet. Der Text soll 20 Pixel unter der X-Achse stehen, deshalb Y = AchsenschnittpunktY + 20. Je nach Position des Textes (links,mittig,rechts) wird X besetzt.

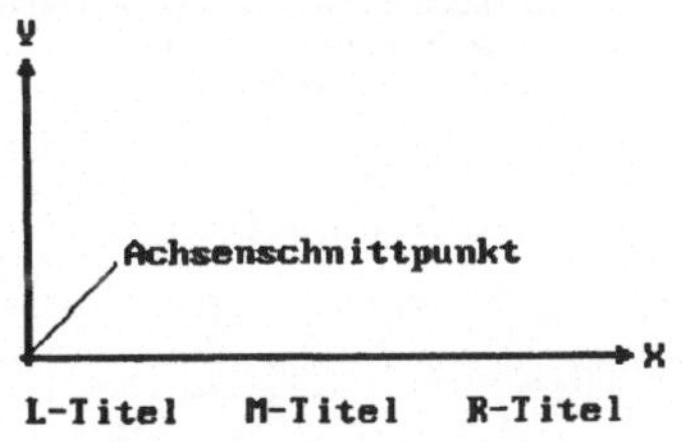

Mit *SetTextJustify* wird die Ausrichtung des Textes, wie er später geschrieben werden wird, festgelegt. Es ist sinnvoll, den linksseitigen Text auch linksbündig an der linken Grenze auszurichten, ebenso wie es zweckmäßig ist, den rechtsseitigen Text rechtsbündig an der rechten Grenze auszurichten, und den mittig zu schreibenden Text zentriert zur mittleren Position auszugeben.

Die TurboPascal-Prozedur *SetTextStyle* wählt den Schriftfont (hier: 8*8 Bit DefaultFont) aus, gibt die Schreibrichtung (hier: horizontal von links nach rechts) an und setzt die Schriftgröße (hier: Minimum = 1).

Mit der Prozedur *OutTextXY* wird der übergebene Text (Untertitel) an die Position (X,Y) geschrieben.

Das Koordinatensystem beginnt links oben mit dem Punkt (0,0) und endet rechts unten mit dem Punkt (XSkala-1,YSkala-1).

Zeichnet ein kleines Quadrat symmetrisch zu den Koordinaten (X,Y). Dabei wird der Graphikzeiger mit *MoveTo* zunächst auf die gewünschte Koordinate gesetzt, um die herum das Objekt (hier also ein Quadrat) gezeichnet werden soll. Dann bewegt man den Zeiger mit *MoveRel* relativ zum Mittelpunkt um zwei Pixel nach oben und zwei Pixel nach links. Nun wird eine horizontale Linie von links nach rechts gezeichnet, dann eine vertikale Linie von oben nach unten, dann eine horizontale Linie von rechts nach links und schließlich eine vertikale Linie von unten nach oben. Jede Linie ist vier Pixel lang. Zum Schluß wird der Ordnung halber der Zeiger wieder auf die Ausgangskoordinate gesetzt.

```
PROCEDURE Quadrat (X,Y: Word);
BEGIN
  MoveTo (X,Y);
  MoveRel (-2,-2);
  LineRel (4,0);
  LineRel (0,4);
  LineRel (-4,0);
  LineRel (0,-4);
  MoveTo (X,Y);
END;
```

Eine typische Anwendung liegt vor, wenn Sie eine Wertemenge in einem Diagramm darstellen wollen. Die Werte, zum Beispiel Ihr Körpergewicht in kg, liegen für jeden Tag eines Monats vor. Dabei ist X der laufende Tag und Y das Gewicht. Damit das Diagramm nicht oben links in der Ecke gequetscht erscheint, werden Sie natürlich den Achsenschnittpunkt zum Beispiel bei (100,400) definieren. Wenn wir der Einfachheit halber das Erzeugen der Achsen und der Beschriftung weglassen, würde ein Programm wie folgt aussehen können:

```
VAR

  Gewicht: ARRAY [1..30] OF Byte;          { Körpergewicht in kg }
  Tag:     Byte;                           { Tagesindex }
  X,Y:     Word;                           { Koordinaten des Punktes }
  X0,Y0:   Word;                           { Achsenschnittpunkt }
  dX,dY:   Word;                           { Schrittweite }

BEGIN

  X0 := 100;    { Achsenschnittpunkt X }
  Y0 := 400;    { Achsenschnittpunkt Y }
  dX := 10;     { 10 Pixel für 1 Tag }
  dY := 10;     { 10 Pixel für jedes kg über 50 kg }

  FOR Tag := 1 TO 30 DO
  BEGIN
    X := X0 + Tag * dX;
    Y := Y0 - (Gewicht [Tag] - 50) * dY;
    Quadrat (X,Y);
  END;

END.
```

Und so sieht das Ganze aus:

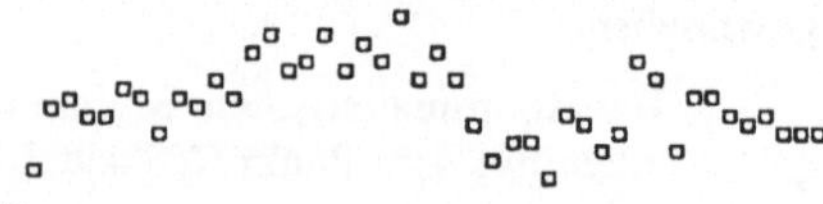

G.7 Hardcopy (Kurzfassung)

Erstellt eine Hardcopy des 640×480-Graphikbildschirmes auf einem Nadeldrucker mit 8 Nadeln.

```
PROCEDURE Hardcopy;
BEGIN
  HomePosition := Kette(120,Chr(8)) + Kette(20,' ');
  Write (Lst,GraphikLPI);

  FOR Z := 0 TO 59 DO
  BEGIN
    DruckeFarbe := False;

    FOR X := 0 TO 639 DO
    BEGIN
      Bytes [X] := 0;
      Y := 8 * Z;
      FOR I := 0 TO 7 DO
      BEGIN
        K := IIPot (2,7-I);
        IF GetPixel (X,Y+I) <> 0 THEN Inc (Bytes[X],K);
      END;
      IF Bytes[X] <> 0 THEN  DruckeFarbe := True;
    END;

    IF DruckeFarbe THEN
    BEGIN
      Write (Lst,HomePosition);
      Write (Lst,GraphikZeile,Chr(120),Chr(2));
      FOR X := 0 TO 639 DO  Write (Lst,Chr(Bytes[X]));
    END;

    WriteLn (Lst);

  END;

END;
```

Das Einbinden dieser Hardcopy-Routine in ein Graphikprogramm ist sehr einfach.

```
REPEAT
  Taste := LeseTaste (Ch);
  IF Taste = F3 THEN Hardcopy;
UNTIL Taste = Esc;
```

Das Beispiel zeigt eine Schleife, in der Sie solange bleiben, bis Sie <Esc> gedrückt haben. Innerhalb der Schleife wird bei <F3> eine Hardcopy angefertigt.

Für einen Matrixdrucker im Epson-Modus dürften Sie in den meisten Fällen mit folgenden Druckerbefehlen für *GraphikLPI* und *GraphikZeile* zurechtkommen. N ist die Anzahl der Pixel pro Zeile (z.B. 320 oder 640).

```
GraphikLPI   := Chr(27) + Chr(51) + Chr(X);          { X = 24, 20 oder 8 }
GraphikZeile := Chr(27) + Chr(76) + Chr(Lo(N)) + Chr(Hi(N));
```

Die Variable *HomePosition* führt den Schreibkopf des Druckers 120 Zeichen zurück und erzeugt dann 20 Leerzeichen als linken Rand. Diese umständliche Art und Weise ist notwendig, weil der Druckerbefehl CR (#13) sehr unterschiedlich funktioniert. Die Funktion *IIPot* erzeugt eine Potenz, in diesem Fall zur Basis 2. Lesen Sie hierzu auch Rezept M.4 . Bezüglich VAR-Deklarationen siehe Rezept G.8 .

Erstellt eine Hardcopy eines Graphikbildschirmes mit beliebiger Auflösung auf einem Nadeldrucker mit 8, 16 oder 24 Nadeln. Dabei wird die Anzahl der Nadeln des Druckers im Aufruf übergeben. Damit man ein fertiges Programm für verschiedene Matrixdrucker verwenden kann, sollte man die Variable *AnzahlNadeln* sogar mit dem Programmaufruf in der DOS-Kommandozeile übergeben (siehe Anwendungsbeispiel).

```
PROCEDURE Hardcopy (AnzahlNadeln: Byte);

VAR
  I,J,K,X,Y,Z:  Word;                                   { Laufindizes }
  MaxJ:         Byte;                                   { Anzahl Reihen }
  Bytes:        ARRAY [0..1023,0..2] OF Byte;           { X, Reihe }
  DruckeFarbe:  Boolean;
  Color:        Byte;
  HomePosition: STRING [140];                           { Ersatz für CR }
  DataByte:     Byte;                                   { für Laser-Graphik }

BEGIN

  MaxJ := AnzahlNadeln DIV 8 - 1;
  HomePosition := Kette(120,Chr(8)) + Kette(20,' ');
  Write (Lst,GraphikArt,GraphikLPI);

  FOR Z := 0 TO YSkala DIV AnzahlNadeln DO
  BEGIN

    DruckeFarbe := False;

    FOR X := 0 TO XSkala - 1 DO
    BEGIN

      FOR J := 0 TO MaxJ DO  Bytes[X,J] := 0;

      FOR J := 0 TO MaxJ DO
      BEGIN
        Y := Z * AnzahlNadeln + J * 8;
        FOR I := 0 TO 7 DO
        BEGIN
          K := IIPot (2,7-I);
          Color := GetPixel (X,Y+I);
          IF Color <> 0 THEN Inc (Bytes[X,J],K);
        END;
      END;

      FOR J := 0 TO MaxJ DO
        IF Bytes[X,J] <> 0 THEN  DruckeFarbe := True;

    END;

    IF DruckeFarbe THEN
    BEGIN
      Write (Lst,HomePosition);
      Write (Lst,GraphikZeile,Chr(Lo(XSkala)),Chr(Hi(XSkala)));
      FOR X := 0 TO XSkala - 1 DO
        FOR J := 0 TO MaxJ DO  Write (Lst,Chr(Bytes[X,J]));
    END;

    WriteLn (Lst);

  END;

END;
```

Das Einbinden dieser Hardcopy-Routine in ein Graphikprogramm ist sehr einfach.

```
IF ParamCount = 1 THEN  Nadeln := IWert (ParamStr(1),RestDatum)
                  ELSE  Nadeln := 8;

REPEAT
  Taste := LeseTaste (Ch);
  IF Taste = F3 THEN Hardcopy (Nadeln);
UNTIL Taste = Esc;
```

Das Beispiel zeigt eine Schleife, in der Sie solange bleiben, bis Sie <Esc> gedrückt haben. Innerhalb der Schleife wird bei <F3> eine Hardcopy angefertigt.

Für einen Matrixdrucker im Epson-Modus dürften Sie in den meisten Fällen mit folgenden Druckerbefehlen für *GraphikArt, GraphikLPI* und *GraphikZeile* zurechtkommen. N ist die Anzahl der Pixel pro Zeile (z.B. 320 oder 640).

```
GraphikArt := '';      { 8-Nadel-Modus }

            { für andere Graphik-Modi siehe Druckerhandbuch }
            { Beispiele sind: Chr(27) + Chr(35)  + Chr(66); }
            {                 Chr(27) + Chr(110) + Chr(66); }

GraphikLPI   := Chr(27) + Chr(51) + Chr(X);        { X = 24, 20 oder 8 }
GraphikZeile := Chr(27) + Chr(76) + Chr(Lo(N)) + Chr(Hi(N));
```

Sie müssen die oben genannten Graphik-Variablen natürlich zu Beginn Ihres Programmes, also vor dem Aufruf der Prozedur *Hardcopy*, setzen. Für die Erstellung eines kompletten lauffähigen Graphikprogrammes finden Sie weitere Ratschläge in den Rezepten G.1 bis G.4 und G.6 .

Die Variable *HomePosition* führt den Schreibkopf des Druckers 120 Zeichen zurück und erzeugt dann 20 Leerzeichen als linken Rand. Diese umständliche Art und Weise ist notwendig, weil der Druckerbefehl CR (#13) sehr unterschiedlich funktioniert.

Die Funktion *IIPot* erzeugt eine Potenz, in diesem Fall zur Basis 2. Lesen Sie hierzu auch Rezept M.4 .

Der im Anwendungsbeispiel aufgezeigte Fall, daß die Anzahl der Druckernadeln beim Programmstart übergeben wird, führt zu folgender DOS-Befehlseingabe:

```
MEINBILD 24
```

Wird keine Zahl angegeben, dann geht das Programm davon aus, daß Sie einen 8-Nadel-Drucker angeschlossen haben.

K KONTROLLE

Diese Funktion prüft bei einer Eingabe, ob es sich um ein korrektes Gregorianisches Datum handelt. Bei nicht identifizierbarem Gregorianischem Datum wird als Funktionswert *False* zurückgemeldet. Dies ist der Fall, wenn nicht genau drei Angaben vorliegen (Tag, Monat, Jahr). Ist die Jahresangabe nur zweistellig, so wird das in der Systemzeit des Rechners festgehaltene Jahrhundert automatisch hinzuaddiert, aber nicht angezeigt. Schaltjahre werden nach der 4/100/400-Jahre-Regel berücksichtigt. Es sind nur Angaben im Bereich 1.1.1600 - 31.12.9999 erlaubt.

```
FUNCTION KontrolleGregDatum (GregDatum: String10): Boolean;

VAR
  Tag,Monat,Jahr: Word;                  { Einzelkomponenten des Datums }
  Dummy:          Word;                  { für Kontrollzwecke }
  T,M,J,W:        Word;                  { für Lesen des Jahrhunderts }
  RestDatum1:     String [10];           { für die Funktion IWert }
  RestDatum2:     String [10];           { für die Funktion IWert }
  RestDatum3:     String [10];           { für die Funktion IWert }
  RestDatum4:     String [10];           { für die Funktion IWert }

BEGIN

  KontrolleGregDatum := True;

  Tag   := Abs (IWert (GregDatum ,RestDatum1));
  Monat := Abs (IWert (RestDatum1,RestDatum2));
  Jahr  := Abs (IWert (RestDatum2,RestDatum3));
  Dummy := Abs (IWert (RestDatum3,RestDatum4));

  IF (RestDatum2 = RestDatum3) OR (RestDatum3 <> RestDatum4) THEN
  BEGIN
    FehlerMeldung ('Datum ungültig !');
    KontrolleGregDatum := False;
    Exit;
  END;

  IF Jahr < 100 THEN
  BEGIN
    GetDate (J,M,T,W);
    Jahr := Trunc (J/100)*100 + Jahr;
  END;

  IF (Jahr < 1600) OR (Jahr > 9999) OR
     (Monat = 0) OR (Monat > 12) OR (Tag = 0) OR
     ((Monat IN [1,3,5,7,8,10,12]) AND (Tag > 31)) OR
     ((Monat IN [4,6,9,11]) AND (Tag > 30)) THEN
  BEGIN
    FehlerMeldung ('Datum ungültig !');
    KontrolleGregDatum := False;
    Exit;
  END;

  IF Monat = 2 THEN
  BEGIN
    IF (Jahr MOD 4=0) AND ((Jahr MOD 100<>0) OR (Jahr MOD 400=0)) THEN
    BEGIN
      IF Tag > 29 THEN
      BEGIN
        FehlerMeldung ('Datum ungültig !');
        KontrolleGregDatum := False;
        Exit;
      END;
    END
```

```
        ELSE  { kein Schaltjahr }
        BEGIN
          IF Tag > 28 THEN
          BEGIN
            FehlerMeldung ('Datum ungültig !');
            KontrolleGregDatum := False;
            Exit;
          END;
        END;
      END;

    END;
```

Wenn Sie über Ihr Haushaltsgeld Buch führen wollen, oder wenn Sie Ihren Benzinverbrauch festhalten wollen, werden Sie immer ein Datum eingeben. Natürlich möchten Sie auch, daß dieses Datum korrekt ist. Dies könnte schon allein deshalb notwendig sein, weil Sie das Gregorianische Datum in ein Julianisches Datum wandeln möchten und die Funktion *JD* (siehe Rezepte Z.1 und Z.2) ein korrektes Datum erwartet.

```
REPEAT
  Eingabe ('Datum:',10,'01.01.1991',KaufDatum);
UNTIL  KontrolleGregDatum (KaufDatum) = True;
```

Über die Prozedur *Eingabe* können Sie in Rezept B.12 Näheres erfahren.

Über die verwendete Funktion *FehlerMeldung* können Sie Näheres in Rezept B.11 nachlesen. Die Funktion *IWert* ist in Rezept T.3 beschrieben.

Diese Funktion prüft, ob die Eingabe eine korrekte Uhrzeit beinhaltet. Bei nicht identifizierbarer Uhrzeit wird als Funktionswert *False* zurückgemeldet. Dies ist der Fall, wenn nicht genau drei Angaben vorliegen (Stunde,Minute,Sekunde).

```
FUNCTION KontrolleUhrzeit (Uhrzeit: String8): Boolean;

VAR
  Std,Min,Sek: Word;          { Einzelkomponenten der Uhrzeit }
  Dummy:       Word;          { für Kontrollzwecke }
  RestZeit1:   STRING [8];    { für die Funktion IWert }
  RestZeit2:   STRING [8];    { für die Funktion IWert }
  RestZeit3:   STRING [8];    { für die Funktion IWert }
  RestZeit4:   STRING [8];    { für die Funktion IWert }

BEGIN

  KontrolleUhrzeit := True;

  Std   := Abs (IWert (Uhrzeit  ,RestZeit1));
  Min   := Abs (IWert (RestZeit1,RestZeit2));
  Sek   := Abs (IWert (RestZeit2,RestZeit3));
  Dummy := Abs (IWert (RestZeit3,RestZeit4));

  IF (RestZeit2 = RestZeit3) OR (RestZeit3 <> RestZeit4) OR
     (Std > 23) OR (Min > 59) OR (Sek > 59) THEN
  BEGIN
    FehlerMeldung ('Uhrzeit ungültig !');
    KontrolleUhrzeit := False;
  END;

END;
```

Wenn Sie einmal die Körpertemperatur (Fieber) über einen Tag aufschreiben wollen, werden Sie eine Uhrzeit eingeben. Natürlich möchten Sie auch, daß diese Uhrzeit korrekt eingegeben wird. Dies könnte schon allein deshalb notwendig sein, weil Sie die Uhrzeit als Teil des Julianischen Datums wandeln möchten und die Funktion *JD* (siehe Rezepte Z.1 und Z.2) eine korrekte Uhrzeit erwartet.

```
REPEAT
  Eingabe ('Uhrzeit:',8,'12:00:00',Uhrzeit);
UNTIL  KontrolleUhrzeit (Uhrzeit) = True;
```

Über die Prozedur *Eingabe* können Sie in Rezept B.12 weitere Informationen erhalten.

Über die verwendete Funktion *FehlerMeldung* können Sie in Rezept B.11 Näheres nachlesen. Die Funktion *IWert* ist in Rezept T.3 erläutert.

Diese Funktion prüft, ob eine Eingabe den Bestimmungen eines DOS-Dateinamens entspricht. Bei nicht erlaubtem Dateinamen wird als Funktionswert *False* zurückgemeldet. Ein Leerstring ist erlaubt.

```
FUNCTION KontrolleDateiName (DateiName: String8): Boolean;
CONST
  ErlaubteZeichen = ['A'..'Z','0'..'9','!','#'..')',
                     '-','@','^'..'`','{','}'];

VAR
   I: Byte;

BEGIN

  KontrolleDateiName := True;
  IF DateiName = '' THEN  Exit;
  UpperString (DateiName);

  I := 1;
  WHILE (DateiName [I] IN ErlaubteZeichen) AND (I < Length (DateiName))
    DO Inc (I);

  IF NOT (DateiName [I] IN ErlaubteZeichen) THEN
  BEGIN
    FehlerMeldung ('Dateiname ungültig !');
    KontrolleDateiName := False;
  END;

END;
```

Eine typische Anwendung ist in Rezept B.16 vorzufinden. Der wesentliche Teil darin, in welchem diese Kontrollfunktion angewendet wird, ist im folgenden Listing wiedergegeben:

```
REPEAT
  Eingabe ('Name der Datei:',8,DateiName,DateiName);
UNTIL KontrolleDateiName (DateiName) = True;
```

Die Prozedur *Eingabe* ist in Rezept B.12 erläutert.

Über die verwendete Funktion *FehlerMeldung* können Sie in Rezept B.11 Näheres nachlesen. Die Prozedur *UpperString* ist in Rezept A.5 ausführlich erläutert.

In der Konstanten *ErlaubteZeichen* wurden nicht alle erlaubten Buchstaben, Zahlen und Zeichen explizit - also einzeln - aufgeführt, sondern teilweise durch .. als Bereich angegeben. Grundlage hierfür ist die ASCII-Tabelle und die darin vereinbarte Reihenfolge der Zeichen (siehe TurboPascal-Handbuch).

Oftmals sollen bei Eingaben nur Zahlenwerte erlaubt sein und keine Buchstaben oder Symbole. Die nachstehende Funktion ermittelt, ob es sich bei dem übergebenen *HilfsDatum* um eine reine Zahl handelt. Allerdings muß man die Einschränkung in Kauf nehmen, daß diese Kontrollfunktion nur bei ganzen Zahlen oder bei einer festgeschriebenen Anzahl von Nachkommastellen realisierbar ist. Die hier dargestellte Funktion überprüft Zahlenwerte mit zwei Nachkommastellen, wie sie zum Beispiel bei Geldbeträgen vorkommen.

```
FUNCTION Kontrolle (HilfsDatum: String): Boolean;

VAR
  RestDatum:     String;
  ZwischenDatum: String;
  HilfsWert:     Real;

BEGIN
  BlanksWeg (HilfsDatum,0);
  HilfsWert := Wert (HilfsDatum,RestDatum);
  ZwischenDatum := StrReal (HilfsWert,10,2);
  BlanksWeg (ZwischenDatum,0);
  IF ZwischenDatum <> HilfsDatum THEN
  BEGIN
    FehlerMeldung ('Nur Zahlenwerte erlaubt !');
    Kontrolle := False;
  END
  ELSE  Kontrolle := True;
END;
```

Wenn Sie über Ihr Haushaltsgeld Buch führen wollen, oder wenn Sie Ihren Benzinverbrauch festhalten wollen, werden Sie immer Geldbeträge eingeben wollen. Dabei ist es durchaus zweckmäßig, nur Zahlenwerte zuzulassen, so daß im weiteren Verlauf des Programms Irritationen wegen Texteingabe vermieden werden. Die Eingabeschleife könnte wie folgt aussehen:

```
REPEAT
  Eingabe ('Preis:',10,'',Preis);
UNTIL Kontrolle (Preis) = True;
```

Beachten Sie bitte, daß *Preis* vom Typ *String* ist und für weitere Berechnungen erst in eine *Real*-Zahl gewandelt werden muß. Hierfür stehen Ihnen die TurboPascal-Prozedur *Val* und die in den Rezepten T.3 und T.4 beschriebenen Funktionen *IWert* und *Wert* zur Verfügung.

Die verwendete Prozedur *BlanksWeg* können Sie in Rezept A.1 nachlesen. Die Funktion *StrReal* ist in Rezept T.6 näher ausgeführt. Sie wandelt eine reelle Zahl in einen String. Die Prozedur *FehlerMeldung* ist in Rezept B.11 beschrieben.

K. 5 Nur positive Werte

In vielen Fällen möchte man sicherstellen, daß der eingegebene Zahlenwert nicht negativ und auch nicht Null ist. Hierzu dient folgende Funktion.

```
FUNCTION Kontrolle (HilfsDatum: String): Boolean;

VAR
  RestDatum: String;

BEGIN
  IF Wert (HilfsDatum,RestDatum) <= 0 THEN
  BEGIN
    FehlerMeldung ('Nur positive Werte erlaubt !');
    Kontrolle := False;
  END
  ELSE  Kontrolle := True;
END;
```

Nehmen wir als Beispiel die Umrechnung von Währungen, zum Beispiel von DM in US$ (Dollar). Der Umrechnungsfaktor wird zuerst eingegeben. Hier sollen nur positive Werte erlaubt sein. Anschließend folgt in einer äußeren Schleife die wiederholte Eingabe eines DM-Betrages, der die innere Schleife solange durchläuft, bis der Wert positiv ist. Dann erfolgt die Umrechnung und die Ausgabe des Dollar-Betrages.

```
PROGRAM WaehrungsUmrechnung;

USES Dos,Crt;

VAR
  HilfsDatum:  String;
  RestDatum:   String;
  Faktor:      Real;
  Betrag:      Real;
  Dollar:      Real;

{ An dieser Stelle müssen Sie alle Prozeduren und Funktionen dekla-   }
{ rieren, die Sie für dieses Programm benötigen. Beachten Sie dabei   }
{ bitte auch, daß diese Prozeduren selbst wiederum andere benötigen,  }
{ die ebenfalls - und zwar zuvor - deklariert werden müssen. Dazu ge- }
{ hören unter anderem BildschirmRetten, ScreenColor, Rand, Schreibe,  }
{ Pause, BildschirmReset, FehlerMeldung, Wert und Kontrolle.          }

BEGIN
  ClrScr;
  REPEAT
    Write ('Umrechnungsfaktor 1 US$ = ? DM: ');
    ReadLn (HilfsDatum);
  UNTIL Kontrolle (HilfsDatum) = True;
  Faktor := Wert (HilfsDatum,RestDatum);
  WriteLn ('Betrag in DM = 99999 führt zum Abbruch!');
  WriteLn;
  REPEAT
    REPEAT
      Write ('Betrag in DM: ');
      ReadLn (HilfsDatum);
    UNTIL Kontrolle (HilfsDatum) = True;
    Betrag := Wert (HilfsDatum,RestDatum);
    Dollar := Betrag / Faktor;
    WriteLn ('Betrag in $:   ',Dollar:8:2);
  UNTIL Betrag = 99999;
END.
```

Über die verwendete Funktion *FehlerMeldung* können Sie in Rezept B.11 Näheres nachlesen. Die Abfrage sollte immer nach der fehlerhaften Situation erfolgen, so daß der (meistens einzeilige) OK-Fall im ELSE-Teil liegt.

Es gibt auch zahlreiche Fälle, in denen - wie zuvor - keine negativen Werte erlaubt sind, aber die Null durchaus möglich sein soll.

```
FUNCTION Kontrolle (HilfsDatum: String): Boolean;
VAR
  RestDatum: String;

BEGIN
  IF Wert (HilfsDatum,RestDatum) < 0 THEN
  BEGIN
    FehlerMeldung ('Keine negativen Werte erlaubt !');
    Kontrolle := False;
  END
  ELSE  Kontrolle := True;
END;
```

Nehmen wir als Beispiel die Umrechnung der Temperatur von Kelvin in °Celsius und in °Fahrenheit. Dabei darf die einzugebende Temperatur in Kelvin definitionsgemäß nicht negativ sein (Physiker würden ergänzen: »... und auch nicht Null Kelvin«).

```
PROGRAM TemperaturUmrechnung;

USES Dos,Crt;

VAR
  HilfsDatum: String;
  RestDatum:  String;
  K:          Real;           { Temperatur in Kelvin      }
  C:          Real;           { Temperatur in °Celsius    }
  F:          Real;           { Temperatur in °Fahrenheit }

{ An dieser Stelle müssen Sie alle Prozeduren und Funktionen dekla-   }
{ rieren, die Sie für dieses Programm benötigen. Beachten Sie dabei   }
{ bitte auch, daß diese Prozeduren selbst wiederum andere benötigen,  }
{ die ebenfalls - und zwar zuvor - deklariert werden müssen. Dazu ge- }
{ hören unter anderem BildschirmRetten, ScreenColor, Rand, Schreibe,  }
{ Pause, BildschirmReset, FehlerMeldung, Wert und Kontrolle.          }

BEGIN
  ClrScr;
  REPEAT
    Write ('Temperatur in K: ');
    ReadLn (HilfsDatum);
  UNTIL Kontrolle (HilfsDatum) = True;
  K := Wert (HilfsDatum,RestDatum);
  C := K - 273.2;
  F := C * 9/5 + 32;
  WriteLn (K:5:1,' K = ',C:6:1,' °C = ',F:6:1,' °F');
END.
```

Ein anderes Beispiel wäre die Berechnung des Benzinverbrauches Ihres Autos, bei dem die einzugebende gefahrende Strecke und die getankte Benzinmenge ebenfalls nicht negativ sein dürfen. Achtung, wenn Sie durch die gefahrene Strecke teilen, dann darf diese zusätzlich auch nicht Null sein, d.h. Sie müssen dieses ebenfalls prüfen. Sie hätten in diesem Fall also eine Kombination aus den Rezepten K.5 (nur positive Strecken) und K.6 (keine negativen Benzinmengen).

Bei einer Abfrage, die den Wert 0 erlaubt, ist gleichzeitig auch eine Leereingabe erlaubt und umgekehrt.

Diese Funktion überprüft die Eingabe, ob sie eine Zahl beinhaltet, die nicht Null ist. Vor und hinter der Zahl dürfen andere Zeichen stehen.

```
FUNCTION Kontrolle (HilfsDatum: String): Boolean;

VAR
  RestDatum: String;

BEGIN
  IF Wert (HilfsDatum,RestDatum) = 0 THEN
  BEGIN
    FehlerMeldung ('Nur Werte ungleich Null erlaubt !');
    Kontrolle := False;
  END
  ELSE  Kontrolle := True;
END;
```

Nehmen wir als Beispiel die Berechnung eines Bruches. Als erstes geben Sie den Zähler ein. Anschließend folgt die Eingabe des Nenners. Hier sollen alle Werte außer Null erlaubt sein.

```
PROGRAM Bruchrechnung;

USES  Dos,Crt;

VAR
  HilfsDatum: String;
  RestDatum:  String;
  Zaehler:    Real;
  Nenner:     Real;
  Ergebnis:   Real;

{ An dieser Stelle müssen Sie alle Prozeduren und Funktionen dekla-    }
{ rieren, die Sie für dieses Programm benötigen. Beachten Sie dabei    }
{ bitte auch, daß diese Prozeduren selbst wiederum andere benötigen,   }
{ die ebenfalls - und zwar zuvor - deklariert werden müssen. Dazu ge-  }
{ hören unter anderem BildschirmRetten, ScreenColor, Rand, Schreibe,   }
{ Pause, BildschirmReset, FehlerMeldung, Wert und Kontrolle.           }

BEGIN
  ClrScr;
  Write ('Zähler: ');
  ReadLn (HilfsDatum);                          { ohne Kontrolle }
  Zaehler := Wert (HilfsDatum,RestDatum);
  REPEAT
    Write ('Nenner: ');
    ReadLn (HilfsDatum);
  UNTIL Kontrolle (HilfsDatum) = True;
  Nenner := Wert (HilfsDatum,RestDatum);
  Ergebnis := Zaehler / Nenner;
  WriteLn ('Ergebnis = ',Ergebnis:8:3);
END.
```

Wenn Sie die letzten Rezepte aufmerksam gelesen haben, dann ist Ihnen aufgefallen, daß Sie ständig diverse Prozeduren und Funktionen vorab deklarieren müssen. Fassen Sie diese doch alle in einem Unit, z.B. mit dem Namen *Global* oder *Dienste*, zusammen! Dann brauchen Sie nur noch folgende Anweisung zu geben:

```
USES  Dos,Crt,Dienste;
```

Über die verwendete Funktion *FehlerMeldung* können Sie in Rezept B.11 Näheres nachlesen. Die Funktion *Wert* ist in Rezept T.4 ausführlich erläutert.

Oftmals möchte man auch Zahlen zulassen, die einen bestimmten Höchstwert nicht überschreiten. In diesem Fall können Sie die folgende Funktion anwenden.

```
FUNCTION Kontrolle (HilfsDatum: String): Boolean;

VAR
  RestDatum: String;

BEGIN
  IF Wert (HilfsDatum,RestDatum) > 100 THEN
  BEGIN
    FehlerMeldung ('Nur Werte bis 100 erlaubt !');
    Kontrolle := False;
  END
  ELSE  Kontrolle := True;
END;
```

Nehmen wir an, Sie möchten berechnen, wieviel Sie zahlen müssen, wenn Sie einen bestimmten Rabatt erhalten. Als erstes geben Sie den Rabatt in Prozent ein. Als Rabatt sollen nur Werte bis 100% in Betracht kommen, sonst müßten Sie ja noch Geld zur Ware hinzubekommen. Anschließend folgt die Eingabe des Bruttopreises. Hier sollen alle Werte erlaubt sein.

```
PROGRAM RabattBerechnung;

USES  Dos,Crt,Dienste;

VAR
  HilfsDatum: String;
  RestDatum:  String;
  Rabatt:     Real;
  Brutto:     Real;
  Netto:      Real;

{ An dieser Stelle mußten Sie in den vorangegangenen Beispielen alle }
{ benötigten Prozeduren und Funktionen deklarieren. Wie in K.7 schon }
{ erwähnt, sollten Sie diese in einem Unit Dienste zusammenfassen.   }

BEGIN
  ClrScr;
  REPEAT
    Write ('Rabatt in Prozent: ');
    ReadLn (HilfsDatum);
  UNTIL Kontrolle (HilfsDatum) = True;
  Rabatt := Wert (HilfsDatum,RestDatum);
  Write ('Bruttopreis in DM: ');
  ReadLn (HilfsDatum);                                 { ohne Kontrolle }
  Brutto := Wert (HilfsDatum,RestDatum);
  Netto := Brutto * (1-Rabatt/100);
  WriteLn ('Netto = ',Netto:8:2);
END.
```

Probieren Sie einmal aus, was passiert, wenn Sie einen negativen Wert als Rabatt eintippen.

Über die verwendete Funktion *FehlerMeldung* können Sie in Rezept B.11 Näheres nachlesen. Die Funktion *Wert* ist in Rezept T.4 ausführlich erläutert.

Möchten Sie die Eingabe daraufhin überprüfen, ob sie einen Zahlenwert zwischen einer Unter- und Obergrenze enthält? Dann bedienen Sie sich dieser Funktion.

```
FUNCTION Kontrolle (HilfsDatum: String): Boolean;

VAR
  RestDatum: String;
  HilfsWert: Real;

BEGIN
  HilfsWert := Wert (HilfsDatum,RestDatum);
  IF (HilfsWert < 0) OR (HilfsWert > 20) THEN
  BEGIN
    FehlerMeldung ('Nur Werte im Bereich 0..20 erlaubt !');
    Kontrolle := False;
  END
  ELSE  Kontrolle := True;
END;
```

In Rezept K.8 haben Sie ein Beispiel behandelt, welches einen Rabatt von maximal 100% vorsieht. Gleichzeitig war es Ihnen aber auch erlaubt, negative Rabatte zu gewähren, also Zuschläge (z.B. Mindermengenzuschlag oder Steuern) zu erteilen. Nun wollen wir diese Möglichkeit auch noch begrenzen und den Rabatt außerdem auf maximal 20% begrenzen.

```
PROGRAM RabattBerechnung;

USES  Dos,Crt,Dienste;

VAR
  HilfsDatum: String;
  RestDatum:  String;
  Rabatt:     Real;
  Brutto:     Real;
  Netto:      Real;

{ An dieser Stelle mußten Sie in den vorangegangenen Beispielen alle }
{ benötigten Prozeduren und Funktionen deklarieren. Wie in K.7 schon }
{ erwähnt, sollten Sie diese in einem Unit Dienste zusammenfassen.   }

BEGIN
  ClrScr;
  REPEAT
    Write ('Rabatt in Prozent: ');
    ReadLn (HilfsDatum);
  UNTIL Kontrolle (HilfsDatum) = True;
  Rabatt := Wert (HilfsDatum,RestDatum);
  Write ('Bruttopreis in DM: ');
  ReadLn (HilfsDatum);                          { ohne Kontrolle }
  Brutto := Wert (HilfsDatum,RestDatum);
  Netto := Brutto * (1-Rabatt/100);
  WriteLn ('Netto = ',Netto:8:2);
END.
```

Über die Funktion *FehlerMeldung* können Sie in Rezept B.11 und über die Funktion *Wert* in Rezept T.4 Näheres erfahren.

Eine Variation der vorherigen Kontrollfunktion ist die nachfolgende Funktion, bei der nur ganzzahlige Werte in einem bestimmten Bereich erlaubt sind.

```
FUNCTION Kontrolle (HilfsDatum: String): Boolean;
VAR
  RestDatum: String;
  HilfsWert: LongInt;
BEGIN
  BlanksWeg (HilfsDatum,0);
  HilfsWert := IWert (HilfsDatum,RestDatum);
  IF StrInt (HilfsWert) <> HilfsDatum THEN
  BEGIN
    FehlerMeldung ('Nur ganze Zahlen erlaubt !');
    Kontrolle := False;
  END
  ELSE
  BEGIN
    IF (HilfsWert < 6) OR (HilfsWert > 14) THEN
    BEGIN
      FehlerMeldung ('Nur Werte im Bereich 6..14 erlaubt !');
      Kontrolle := False;
    END
    ELSE  Kontrolle := True;
  END;
END;
```

Wir wollen U-Boote versenken. Dazu definieren wir eine Box von Zeile 5 bis Zeile 15 und von Spalte 5 bis Spalte 15. Innerhalb dieser, also jeweils von 6 bis 14, denkt sich der Rechner die Position eines U-Bootes und Sie müssen erraten, wo es sich versteckt. Hinsichtlich *SegMon* lesen Sie bitte unter B.2 nach.

```
ClrScr;
SegMon := $B800;                                     { Farbmonitor }
ScreenColor (1,1,80,25,Black,LightGray,True);
Rand (5,5,15,15,Blue,LightRed);
ScreenColor (6,6,14,14,Blue,LightRed,True);
Randomize;                                           { Zufallsgen. init. }
X0 := 6 + Random (A);
Y0 := 6 + Random (A);                                { CONST          }
REPEAT                                               {   A: Byte = 8 }
  REPEAT
    GotoXY (1,1);
    Write ('Position X: ');
    ReadLn (HilfsDatum);
  UNTIL Kontrolle (HilfsDatum) = True;
  X := IWert (HilfsDatum,RestDatum);
  REPEAT
    GotoXY (1,2);
    Write ('Position Y: ');
    ReadLn (HilfsDatum);
  UNTIL Kontrolle (HilfsDatum) = True;
  Y := IWert (HilfsDatum,RestDatum);
  IF (X = X0) AND (Y = Y0) THEN
  BEGIN
    Schreibe (X,Y,'#');
    Schreibe (70,1,'Treffer!');
  END
  ELSE Schreibe (X,Y,'+');
UNTIL (X = X0) AND (Y = Y0);
```

Statt *IWert* und *StrInt* muß im Falle von reellen Zahlen *Wert* und *StrReal* verwendet werden. Weitere Hinweise siehe Rezept K.4.

In vielen Situationen möchten Sie sicherlich, daß eine Eingabe gemacht wird, wobei es Ihnen egal ist, welche Eingabe getätigt wird, nur darf sie nicht leer sein.

```
FUNCTION Kontrolle (HilfsDatum: String): Boolean;

BEGIN
  IF HilfsDatum = '' THEN
  BEGIN
    FehlerMeldung ('Leereingabe nicht erlaubt !');
    Kontrolle := False;
  END
  ELSE  Kontrolle := True;
END;
```

Eine einfache Übung besteht darin, die Anzahl der Buchstaben in einem Namen zu zählen. Dabei sollte der eingegebene Name natürlich nicht leer sein.

```
BEGIN
  ClrScr;
  REPEAT
    Eingabe ('Name:',40,'',Name);
  UNTIL Kontrolle (Name) = True;
  GotoXY (1,1);
  WriteLn ('Der Name »',Name,'« hat ',Ord(Name[0]),' Buchstaben!');
END.
```

Die tatsächliche Länge eines Strings, wie zum Beispiel dem eingegebenen Namen, steht im 0. Element des Strings, welches ja genau genommen ein *ARRAY [0..Max] OF Char* ist, wobei *Max* die angegebene Zahl bei der Deklaration (also in diesem Falle 40) ist.

Über die verwendete Funktion *FehlerMeldung* können Sie in Rezept B.11 Näheres nachlesen.

In dieser Kontrollfunktion finden Sie eine der häufigsten Kombinationen. Sie werden nämlich des öfteren den Wunsch haben, eine Eingabe bestimmter Art (z.B. nur positive Werte) zu erlauben, aber außerdem auch eine Leereingabe zuzulassen. Falls also eine Leereingabe (CR) erlaubt sein soll, dann ist in der Abfrage der Zusatz *IF ... AND (HilfsDatum <> '') THEN* zu ergänzen.

```
FUNCTION Kontrolle (HilfsDatum: String): Boolean;
VAR
  RestDatum: String;

BEGIN
  IF (Wert(HilfsDatum,RestDatum) <= 0) AND (HilfsDatum <> '') THEN
  BEGIN
    FehlerMeldung ('Nur positive Werte erlaubt !');
    Kontrolle := False;
  END
  ELSE  Kontrolle := True;
END;
```

Sie wollen eine Liste von Preisen erstellen. Wenn eine Leereingabe getätigt wird, wollen Sie die Eingaben abbrechen.

```
VAR
  HilfsDatum: String;
  RestDatum:  String;
  I,K:        LongInt;
  Preis:      ARRAY [1..1000] OF Real;

BEGIN
  ClrScr;
  K := 0;
  REPEAT
    Inc (K);
    REPEAT
      Write ('Preis in DM: ');
      ReadLn (HilfsDatum);
    UNTIL Kontrolle (HilfsDatum) = True;
    IF HilfsDatum <> '' THEN Preis [K] := Wert (HilfsDatum,RestDatum);
  UNTIL HilfsDatum = '';
  WriteLn;
  FOR I := 1 TO K-1 DO  WriteLn (Preis[K]:10:2);
END.
```

Über die verwendete Funktion *FehlerMeldung* können Sie in Rezept B.11 Näheres nachlesen. Die Funktion *Wert* ist in Rezept T.4 ausführlich erläutert.

M Mathematik

Der dekadische Logarithmus ist der bekannte Zehnerlogarithmus. Er wird zur Basis 10 ermittelt. TurboPascal kennt - wie viele Programmiersprachen - nur den natürlichen Logarithmus zur Basis e (=2.7182818285). Dieser wird allgemein mit Ln (bzw. ln) bezeichnet, während der Zehnerlogarithmus meistens Lg (bzw. lg oder log) heißt. Der dekadische Logarithmus ist für alle reellen Zahlen, die größer als Null sind, definiert ($D=R^+$). Als Ergebnis kommen Werte der gesamten negativen und positiven reellen Zahlenmenge heraus (W=R).

```
FUNCTION Lg (X: Real): Real;                              { D > 0  .. ∞ }
                                                          { W = -∞ .. ∞ }
CONST
  MaxReal = 1E+37;

BEGIN
  IF X > 0 THEN  Lg := Ln (X) / Ln (10)
           ELSE  Lg := -MaxReal;
END;
```

Ein bekanntes Beispiel ist die Berechnung einer gerundeten Y-Skala, wie sie bei der Erstellung eines Diagrammes benötigt wird.

```
VAR
  YMax:         Real;                 { größter Y-Wert }
  YLog:         LongInt;              { abgerundeter Logarithmus }
  Y:            LongInt;              { aufgerundete Mantisse }
  YSkalaMax:    LongInt;              { obere Y-Skalenwert }
  YIntervalle:  Byte;                 { Anzahl der Teilungen der Y-Achse }

BEGIN
  YMax := 743;
  YLog := Trunc (Lg (YMax));
  Y := Trunc (Pot(10,(Lg(YMax)-YLog))) + 1;          { siehe Rezept M.2 }
  YSkalaMax := Y * IIPot (10,YLog);                  { siehe Rezept M.4 }
  YIntervalle := Y;
  FOR Y := 0 TO YIntervalle DO
    WriteLn ('├ ',YSkalaMax - (YSkalaMax / YIntervalle) * Y:8:2);
END.
```

Beispiel: YMax = 743, Lg 743 = 2.8768, YLog = 2, $10^{0.8768} = 7.43$, Y = 7+1 = 8, YSkalaMax = $8 \cdot 10^2 = 800$. Die Y-Achse wird in 8 Intervalle unterteilt.

Die Berechnung eines Logarithmus zu einer beliebigen Basis b mit Hilfe eines anderen Logarithmus, zum Beispiel zur Basis a, erfolgt nach der Gleichung:

$$\log_b(x) = \frac{\log_a(x)}{\log_a(b)}$$

Im vorliegenden Fall ist die Basis b die Zahl 10, wobei $\log_{10}$ als Lg abgekürzt wird. Für die Basis a wird die Zahl e verwendet, weil der mit Ln bezeichnete Logarithmus nun einmal einzig und allein in TurboPascal zur Verfügung steht.

Es ist eine gute Sitte, in solchen allgemeinen Bibliotheksfunktionen, wie es der dekadische Logarithmus *Lg* darstellt, Argumente *X*, die nicht im Definitionsbereich D liegen, abzufangen und Ihnen besondere - aber sinnvolle - Werte zuzuordnen.

Sie sollten alle Programme mit mathematischen Funktionen im IEEE-Format compilieren, welches Sie durch den Compilerschalter /$N+ erreichen. Wenn Sie keinen mathematischen Coprozessor 80x87 besitzen, müssen Sie zusätzlich noch den Schalter /$E+ setzen, um den Coprozessor zu emulieren.

Da TurboPascal außer dem Quadrat einer Zahl (*Sqr*) keine weiteren Potenzen berechnet, müssen Sie sich schon selbst eine allgemeine Potenzfunktion zurechtlegen. Dieses Rezept bietet Ihnen die allgemeinste Form, bei der die Basis X der positiven reellen Zahlenmenge (R_0^+) und der Exponent Y der gesamten reellen Menge (R) entstammen. Als Ergebnis kommen nur positive reelle Zahlen und die Null vor.

```
FUNCTION Pot (X,Y: Real): Real;                   { D(X) =  0 .. ∞ }
                                                  { D(Y) = -∞ .. ∞ }
                                                  { W    =  0 .. ∞ }

BEGIN
  IF X > 0 THEN  Pot := Exp (Ln(X) * Y)
           ELSE  Pot := 0;
END;
```

Nehmen Sie an, Sie hätten aus irgendwelchen Gründen den natürlichen Logarithmus x einer Größe y. Nun möchten Sie selbstverständlich gern den Wert y kennen. Hierzu müssen Sie die Potenz von x zur Basis e (natürlicher Logarithmus!) bilden.

$$y = e^x$$

Als Programm sieht die ganze Sache dann so aus:

```
BEGIN
  ...
  Y := Pot (2.7182818285,X);              { Fall 1 }
  ...
  E := 2.7182818285;                      { Fall 2 }
  Y := Pot (E,X);
  ...
  Y := Exp (X);                           { Fall 3 }
  ...
END.
```

Im ersten Fall wurde die Basiszahl in den Funktionsaufruf direkt eingesetzt. Im zweiten Fall finden Sie den im allgemeinen üblicheren Weg, daß die Zahl E als Konstante oder Variable vorab besetzt wird. Da TurboPascal ganz speziell für die Basis e eine schnelle Potenzfunktion bereithält, nämlich die Funktion *Exp*, wird diese im dritten Fall verwendet. Auf dieser Funktion basiert ja auch die allgemeine Potenzfunktion *Pot*.

Um 3^7 zu berechnen, welches durch den Aufruf *Pot(3,7)* erfolgt, müssen Sie bei einem AT286 mit 8 MHz und 80x87-Emulation etwa 6.0 sec warten. Die Berechnung von 3^{25} dauert ebenfalls nur 6.0 sec.

Sie sollten alle Programme mit mathematischen Funktionen im IEEE-Format compilieren, welches Sie durch den Compilerschalter /$N+ erreichen. Wenn Sie keinen mathematischen Coprozessor 80x87 besitzen, müssen Sie zusätzlich noch den Schalter /$E+ setzen, um den Coprozessor zu emulieren.

Diese Potenzfunktion ist eine Abwandlung der allgemeinen Potenzfunktion in Rezept M.2. Sie bietet Ihnen die Möglichkeit, zu einer reellen Basis X (und zwar auch einer negativen!) die Potenz mit einem ganzzahligen Exponenten L zu berechnen. Dabei darf der Exponent aber nur aus dem Intervall (-32768..32767) sein. Das Ergebnis liegt in der reellen Zahlenmenge R.

```
FUNCTION IPot (X: Real;                         { D(X) = -∞     .. ∞     }
               L: Integer): Real;               { D(L) = -32768 .. 32767 }
                                                { W    = -∞     .. ∞     }

VAR
  I: Integer;
  P: Real;

BEGIN
  P := 1;
  FOR I := 1 TO Abs(L) DO   P := P * X;
  IF L < 0 THEN  IPot := 1/P
           ELSE  IPot := P;
END;
```

Sie wollen das Volumen eines kubischen Würfels mit der Seitenlänge A berechnen. Dazu geben Sie die Seitenlänge A ein und der Rechner gibt das Volumen V (=A^3) aus.

```
VAR
  A,V: Real;

BEGIN
  Write ('Seitenlänge des Würfels: ');
  ReadLn (A);
  V := IPot (A,3);
  WriteLn ('Volumen des Würfels: ',V:10:3);
END.
```

Der Vorteil dieser Funktion gegenüber der in Rezept M.2 ist einerseits, daß man auch Potenzen zu negativen Basiszahlen bilden kann und andererseits die Berechnung im allgemeinen schneller ist.

Um 3^7 zu berechnen, welches durch den Aufruf *IPot(3,7)* erfolgt, müssen Sie bei einem AT286 mit 8 MHz und 80x87-Emulation nur 3.9 sec warten. Die Berechnung von 3^{25} dauert allerdings schon 13.0 sec.

Sie sollten alle Programme mit mathematischen Funktionen im IEEE-Format compilieren, welches Sie durch den Compilerschalter /$N+ erreichen. Wenn Sie keinen mathematischen Coprozessor 80x87 besitzen, müssen Sie zusätzlich noch den Schalter /$E+ setzen, um den Coprozessor zu emulieren.

Diese Potenzfunktion ist wiederum eine Abwandlung der vorherigen Potenzfunktion in Rezept M.3. Sie bietet Ihnen die Möglichkeit, zu einer ganzzahligen Basis K aus dem Intervall (-32768 .. 32767) die Potenz mit einem ganzzahligen Exponenten L zu berechnen. Dabei darf der Exponent aber nur aus dem Intervall (-32768 .. 32767) sein. Das Ergebnis ist wiederum eine ganze Zahl.

```
FUNCTION IIPot (K,L: Integer): LongInt;   { D=-32768       ..32767     }
                                           { W=-2147483648..2147483647 }
                                           {  im IEEE-Format: W —» W²  }
VAR
  I: Integer;
  P: LongInt;

BEGIN
  P := 1;
  FOR I := 1 TO L DO   P := P * K;
  IIPot := P;
END;
```

Zur Bildung von Zweierpotenzen, wie es bei der Umwandlung von hexadezimalen Zahlen in Dezimalzahlen und umgekehrt erforderlich ist, kann die schnellere Funktion *IIPot* verwendet werden. Bei diesen Umwandlungen (siehe Rezepte T.1 und T.2) wird die Potenz zur Basis 16, welches selbst wiederum eine Potenz der Zahl 2 ist - nämlich 2 hoch 4 -, gebildet.

Eine andere sehr einfache Anwendung ist die Berechnung der mit einer bestimmten Anzahl von Bits (oder Bytes) darstellbaren ganzen Zahl. Wir wollen ein Programm schreiben, welches uns die größte ganze Zahl bei einem, zwei, drei und vier Bytes ausgibt. Wir wollen auch negative ganze Zahlen und die Null erfassen können, so daß ein Bit für das Vorzeichen reserviert bleiben muß. Wegen des Vorzeichenbits muß in der Potenzfunktion -1 gerechnet werden. Wegen der Null wird zum Schluß nochmals -1 gerechnet.

```
BEGIN
  FOR B := 1 TO 4 DO
    WriteLn (B,' Byte ergeben als größte Zahl: ',IIPot(2,8*B-1)-1);
END.
```

Im Falle von 1 Byte (= 8 Bits) kann man insgesamt 2^8 = 256 Zahlen darstellen, davon ist die eine Hälfte negativ und die andere Hälfte positiv. Die Null zählt hierbei zu den positiven Zahlen, so daß der Bereich von -128 bis +127 reicht. Dieser Zahlentyp heißt *ShortInt*. Eine 1-Byte-Variable, die nur positiv ist (0 .. 255), heißt *Byte*. Die entsprechenden Typen für 2-Byte-Variablen heißen *Word* (0 .. 65535) und *Integer* (-32768 .. 32767). Als 4-Byte-Typ kennt TurboPascal den nur in einer Form definierten Typ *LongInt* (- 2 147 483 648 .. 2 147 483 647).

Um 3^7 zu berechnen, welches durch den Aufruf *IIPot(3,7)* erfolgt, müssen Sie bei einem AT286 mit 8 MHz und 80x87-Emulation nur 0.3 sec warten. Die Berechnung von 3^{25} dauert auch nur 0.8 sec.

Sie sollten alle Programme mit mathematischen Funktionen im IEEE-Format compilieren, welches Sie durch den Compilerschalter /$N+ erreichen. Wenn Sie keinen mathematischen Coprozessor 80x87 besitzen, müssen Sie zusätzlich noch den Schalter /$E+ setzen, um den Coprozessor zu emulieren.

Für viele Anwendungen werden Sie wissen wollen, welches Vorzeichen (Signum) eine Zahl besitzt. Hier ist die Verwendung einer Signum-Funktion sinnvoll, die allgemein den Namen *Sgn* erhält. Da man oftmals mit dem Vorzeichen »rechnen« möchte, wählt man nicht einfach nur + oder - als Ergebnis, sondern +1 und -1.

```
FUNCTION Sgn (X: Real): ShortInt;                   { D = -∞ .. ∞ }
                                                    { W = -1,0,+1 }
BEGIN
  IF X < 0 THEN Sgn := -1;
  IF X = 0 THEN Sgn := 0;
  IF X > 0 THEN Sgn := 1;
END;
```

Die Signum-Funktion findet vielseitige Anwendung. Denken wir uns eine mathematische Gleichung mit einem additiven Term, der nur dann berücksichtigt werden soll, wenn das Argument x positiv ist. Dies kann durch folgende Schreibweise erzielt werden:

```
Y := ... + (1+Sgn(x))/2 * Term + ...;
```

Im Falle, daß x negativ ist, wird Sgn(x) zu -1 und der Faktor vor Term zu 0, so daß der Summand gänzlich entfällt. Im Falle, daß x positiv ist, wird Sgn(x) zu +1 und der Faktor vor Term zu (1+1)/2=1, so daß der nachfolgende Term genau einmal berücksichtigt wird. Der Fall x=0 muß gegebenenfalls ausgeschlossen werden, da er den Term nur zur Hälfte berücksichtigt. Soll der Term aber auch für x=0 nicht berücksichtigt werden, dann müßte man folgendes schreiben:

```
Y := ... + IMax (Sgn(x),0) * Term + ...;
```

In diesem Falle würde bei negativen x-Werten Sgn(x) wieder -1 ergeben, aber das Maximum aus -1 und 0 wäre 0, so daß der Term nicht addiert wird. Bei x=0 ergibt sich ebenfalls 0 als Maximum. Bei positiven x-Werten erhält man als Maximum aus 1 und 0 den Wert 1, der zur Berücksichtigung des Summanden führt.

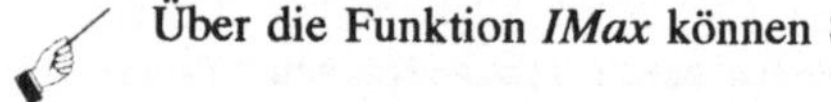

Über die Funktion *IMax* können Sie in Rezept M.8 Näheres nachlesen.

M.6 Maximum zweier reeller Zahlen

Eine kleine, aber sehr nützliche, Funktion ist die Berechnung des Maximums zweier reeller Zahlen.

```
FUNCTION Max (X,Y: Real): Real;

BEGIN
  IF X > Y THEN Max := X
           ELSE Max := Y;
END;
```

Folgende Routine sucht Ihnen aus einem gegebenen Zahlenfeld (Array) die größte Zahl heraus:

```
CONST
  Anzahl = 1000;

VAR
  A:        ARRAY [1..Anzahl] OF Real;
  K:        Word;
  Maximum:  Real;

BEGIN
  Maximum := A [1];
  FOR K := 2 TO Anzahl DO  Maximum := Max (Maximum,A[K]);
END.
```

Ein zweites Anwendungsbeispiel ist bereits in Rezept M.1 angedeutet worden. Um die Y-Achse skalieren zu können, benötigt man den größten Y-Wert. Nehmen wir an, alle Werte seien im Array YWert enthalten.

```
BEGIN
  ...
  YMax := YWert [1];
  FOR K := 2 TO Anzahl DO  YMax := Max (YMax,YWert[K]);
  YLog := Trunc (Lg (YMax));
  Y := Trunc (Pot(10,(Lg(YMax)-YLog))) + 1;        { siehe Rezept M.2 }
  YSkalaMax := Y * IIPot (10,YLog);                { siehe Rezept M.4 }
  YIntervalle := Y;
  ...
END.
```

Für Ihre eigenen Bemerkungen.

Ebenso wie das Maximum möchte man oftmals gern das Minimum zweier reeller Zahlen wissen.

```
FUNCTION Min (X,Y: Real): Real;

BEGIN
  IF X < Y THEN Min := X
           ELSE Min := Y;
END;
```

Wenn Sie eine Zahlenmenge nach oben begrenzen wollen, können Sie dies mit der Funktion *Min* bewerkstelligen.

```
PROGRAM ObereBegrenzung;

USES Dos,Crt;

CONST
  Anzahl = 1000;
  Obergrenze = 100;

VAR
  A: ARRAY [1..Anzahl] OF Real;
  K: Word;

FUNCTION Min (X,Y: Real): Real;
BEGIN
  IF X < Y THEN Min := X
           ELSE Min := Y;
END;

PROCEDURE Pause (Dauer: Real);
...

BEGIN
  FOR K := 1 TO Anzahl DO
  BEGIN
    A [K] := 100 * Random + 4 * Random;
    Write (A[K]:10:2);
    A [K] := Min (A[K],Obergrenze);
    WriteLn (A[K]:10:2);
    IF A[K] = 100 THEN  Pause (2);
  END;
END.
```

Die Obergrenze könnte zum Beispiel 100 sein, wenn es sich um Prozentangaben handelt. Ein solcher Fall, in dem man Ergebnisse nach oben begrenzen möchte, könnte eintreten, wenn theoretisch nur Werte bis 100 auftreten dürfen, aber durch Rundungsfehler beim Rechnen oder durch physikalisches Rauschen Werte entstehen können, die geringfügig größer sind als 100, zum Beispiel 100.17 und so weiter. Im obigen Programm wird der normale Meßwert durch *100*Random* erzeugt und das 4%ige Rauschen mit *4*Random* oben aufgesetzt.

Ein ähnlicher Fall läge bei einer Pegelbegrenzung eines Verstärkers vor.

Bezüglich der Prozedur *Pause* im Anwendungsbeispiel siehe Rezept A.10 .

Da es auf einfachem Wege nicht möglich ist, mit einer einzigen Funktion sowohl den Typ *Real* als auch den Typ *LongInt* und möglicherweise auch noch den Typ *String* abzudecken, sollte man sich für diese drei grundsätzlichen Typen gesonderte Funktionen schaffen. So gibt die Funktion *IMax* das Maximum zweier ganzer Zahlen (Integer-Zahlen) zurück. Das *I* vor dem *Max* deutet auf Integer hin.

```
FUNCTION IMax (K,L: LongInt): LongInt;

BEGIN
  IF K > L THEN IMax := K
           ELSE IMax := L;
END;
```

Nehmen Sie an, Sie besitzen einen Temperatursensor und eine A/D-Wandlerkarte, mit der Sie den Meßwert des Sensors erfassen und auswerten können. Die Treibersoftware der A/D-Karte liefert Ihnen den Wert in die *Real*-Variable *Temp*. Nun wollen Sie diesen Momentanwert und außerdem die höchte und niedrigste Tagestemperatur anzeigen. Die Anzeige soll wegen der Ungenauigkeit des Sensors nur in ganzen Gradzahlen (° C) erfolgen.

```
VAR
  Temperatur: LongInt;
  Maximum:    LongInt;
  Minimum:    LongInt;
  Temp:       Real;

BEGIN
  Maximum := -300;
  Minimum := 1000;
  REPEAT
    Temperatur := Round (Temp);
    Maximum := IMax (Maximum,Temp);
    Minimum := IMin (Minimum,Temp);                        { siehe M.9 }
    GotoXY (30,10);
    WriteLn ('Niedrigstwert: ',Minimum);
    WriteLn ('Momentanwert:  ',Temperatur);
    WriteLn ('Höchstwert:    ',Maximum);
  UNTIL Keypressed;
END.
```

Es ist im allgemeinen ratsam, die beiden Variablen *Maximum* und *Minimum* vorzubesetzen. Das Maximum wird mit einer ausreichend kleinen und das Minimum mit einer ausreichend großen Zahl vorbesetzt.

Eine andere Anwendung finden Sie in Rezept M.5 .

Die Rundung der Temperatur mit gleichzeitiger Wandlung in eine ganze Zahl wird durch die Funktion *Round* bewerkstelligt.

Wie in Rezept M.8 erläutert, ist es sinnvoll, neben der Minimumsfunktion *Min* für reelle Zahlen auch eine für ganze Zahlen zu definieren (*IMin*).

```
FUNCTION IMin (K,L: LongInt): LongInt;

BEGIN
  IF K < L THEN IMin := K
           ELSE IMin := L;
END;
```

Außer dem MiniMax-Thermometer aus dem Rezept M.8 könnte man sich auch noch folgende Anwendung vorstellen:

Nehmen Sie an, Sie hätten eine elektronische Kartei aller Einwohner Ihrer Ortschaft. Diese enthält Namen, Adresse und Geburtsdatum. Nun wollen Sie wissen, wie alt der älteste Bürger Ihrer Ortschaft ist. Das ist derjenige mit dem frühesten Geburtsdatum, also dem kleinsten Julianischen Datum.

```
CONST
  Anzahl = 500;

TYPE
  EinwohnerRec = RECORD
                   Name:    String [20];
                   Strasse: String [20];
                   Ort:     String [20];
                   Geb:     String [10];
                 END;
  EinwohnerArr = ARRAY [1..Anzahl] OF EinwohnerRec;

VAR
  Einwohner: EinwohnerArr;
  GebJD:     LongInt;
  Alt:       Word;

BEGIN
  ...
  Alt := 1;
  FOR K := 1 TO Anzahl DO
  BEGIN
    GebJD := JD (Einwohner.Geb);
    Alt := IMin (Alt,GebJD);
  END;
  WriteLn ('Der älteste Einwohner ist am ',GD(Alt),' geboren!);
END.
```

Zur Umrechnung des Gregorianischen Datums (z.B. 4.8.1895) in ein ganzzahliges Julianisches Datum verwenden Sie bitte die Funktion *JD* in Rezept Z.1 . Die Wandlung des Julianischen Datums in ein Gregorianisches Datum erfolgt mit der Funktion GD aus dem Rezept Z.4 .

Für Ihre eigenen Bemerkungen.

Analog zu den Zahlen müssen wir auch ein Maximum für Zeichenketten (Strings) definieren. Während bei Zahlen völlig klar ist, welche Zahl größer ist, müssen wir bei Zeichenketten genauer überlegen. Es gilt derjenige Buchstabe (bzw. dasjenige Zeichen) als größer, welcher(s) in der ASCII-Tabelle an späterer Stelle folgt, also den höheren ASCII-Code besitzt. So ist *5* kleiner als *8* und *G* kleiner als *Y*. Demzufolge ist *Haus* kleiner als *Villa* und *Maier* kommt vor *Meier*.

```
FUNCTION SMax (A,B: String): String;

BEGIN
  IF A > B THEN SMax := A
           ELSE SMax := B;
END;
```

Folgende Routine sucht Ihnen aus einem gegebenen Begriffsfeld (Array) den alphabetisch letzten Eintrag heraus:

```
CONST
  Anzahl = 1000;

VAR
  Begriff: ARRAY [1..Anzahl] OF String [20];
  K:       Word;
  Maximum: String [20];

BEGIN
  Maximum := Begriff [1];
  FOR K := 2 TO Anzahl DO  Maximum := SMax (Maximum,Begriff[K]);
END.
```

Für Ihre eigenen Bemerkungen.

Entsprechend zum Maximum bildet diese Funktion das Minimum zweier Zeichenketten. Die Bezeichnung der Funktion setzt sich aus dem Buchstaben S für String und Min für Minimum zusammen. Wir haben also insgesamt drei Minimumfunktionen: *Min, IMin* und *SMin*, analog zu *Max, IMax* und *SMax*.

```
FUNCTION SMin (A,B: String): String;

BEGIN
  IF A < B THEN SMin := A
           ELSE SMin := B;
END;
```

Folgende Routine sucht Ihnen aus einem gegebenen Begriffsfeld (Array) den alphabetisch ersten Eintrag heraus:

```
CONST
  Anzahl = 1000;

VAR
  Begriff: ARRAY [1..Anzahl] OF String [20];
  K:       Word;
  Minimum: String [20];

BEGIN
  Minimum := Begriff [1];
  FOR K := 2 TO Anzahl DO  Minimum := SMin (Minimum,Begriff[K]);
END.
```

Für Ihre eigenen Bemerkungen.

Es gibt bis TurboPascal 5.5 einige Möglichkeiten, rechenintensive Programme ein wenig bis sogar sehr viel schneller zu gestalten, ohne gleich in Assembler programmieren zu müssen. Dazu bedient man sich allerdings assemblernaher TurboPascal-Befehle wie SHR und SHL, die man statt MOD und DIV einsetzen kann. Bei Divisionen durch kleine Zweier-Potenzen (2,4,8,16,32,64 oder 128) kann die mathematische Funktion DIV durch die assemblernahe Prozedur SHR ersetzt werden. Die zur Ermittlung des Rests einer solchen Division übliche Funktion MOD kann durch die wesentlich schnellere Operation AND ersetzt werden.

```
BEGIN
  A := Zahl DIV 16;
  B := Zahl MOD 16;
  C := Zahl SHR 4;
  D := Zahl AND 4;
END;
```

Die Berechnung A und C sowie B und D entsprechen einander. Die Tabelle gibt die Ergebnisse der Zeitmessung bei 10000 facher Durchführung der jeweiligen Operationen an der Basiszahl 4567 wieder. Die Zeiten gelten für einen AT286-Rechner mit 8 MHz Takt.

	TP 4.0 - 5.5	TP 6.0
DIV 16	2.20 sec	0.12 sec
MOD 16	2.25 sec	0.12 sec
SHR 4	0.33 sec	0.12 sec
AND 4	0.16 sec	0.12 sec

Die Verwendung der assemblernahen Befehle SHR und AND bringt immerhin einen Faktor 7 bzw. 14 in der Ausführungsgeschwindigkeit.

Die Zeiten für verschiedene Zweier-Potenzen wie 2,4,..128 sind alle gleich. Lediglich bei SHR gibt es eine kleine Variation: mit zunehmender Anzahl von Bit-Verschiebungen dauert die Operation etwas länger, so daß die Zeiten zwischen 0.27 und 0.39 sec liegen.

Die Verwendung von SHL statt der normalen Multiplikation bringt keinen zeitlichen Vorteil und hat auch noch andere Probleme, z.B. bei der Dimensionierung. Zeitmessungen hierfür lagen bei beiden Methoden in der Größenordnung von 0.3 sec für 10000 Operationen.

In beiden Fällen (DIV und SHR) wird der nicht glatt teilbare Anteil weggeworfen, das heißt das Ergebnis aus 14 DIV 4 ist 3 genauso wie bei 14 SHR 2.

Dieses Rezept bringt Ihnen nur bei den früheren TurboPascal-Versionen bis einschließlich 5.5 einen Vorteil. Ab TurboPascal 6.0 wurden die entsprechenden Routinen geändert (siehe Tabelle).

T TYPWANDLUNG

Wandelt eine Dezimalzahl in eine Hexadezimalzahl. Das hexadezimale Zahlensystem ist in der Datenverarbeitung sehr verbreitet. Hierbei reichen die Ziffern nicht nur von 0 bis 9, sondern von 0 bis F. Es gibt also nicht nur 10 Ziffern (dezimal), sondern 16 Ziffern (hexadezimal).

```
FUNCTION Hex (K: Word): String4;

VAR
  I: Byte;
  L: Word;
  A: STRING [4];

BEGIN

  A := '$$$$';

  FOR I := 1 TO 4 DO
  BEGIN
    L := K DIV IIPot(16,4-I);
    IF L < 10 THEN A [I] := Chr (L+48)
              ELSE A [I] := Chr (L+55);
    K := K - L * IIPot(16,4-I);
  END;

  Hex := A;

END;
```

Folgendes Umrechnungsprogramm leistet nützliche Dienste:

```
BEGIN
  REPEAT
    Write ('Dezimalzahl (0..65535): ');
    ReadLn (X);
    WriteLn ('Hexadezimalzahl: ',Hex(X));
  UNTIL X = 0;
END.
```

Das hexadezimale Zahlensystem hat in der Datenverarbeitung deshalb seine besondere Existenzberechtigung, weil die Zahl 16 gleich 2^4 ist und die Zahl 2 nun einmal die Anzahl der Zustände eines Bits ist, nämlich 0 und 1. Außerdem ergeben zwei hexadezimale Ziffern (zum Beispiel 5C) insgesamt $16^2 = 2^8 = 256$ mögliche Zahlenwerte, was gleichbedeutend mit acht Bits ist. Diese acht Bits werden Byte genannt. Die hexadezimalen Ziffern reichen von 0 bis 9 und von A bis F, entsprechend der Wertigkeit 10 bis 15.

Eine zehnmal (!) schnellere Variante der Funktion *Hex* ist folgende:

```
A := '$$$$';

FOR I := 4 DOWNTO 1 DO
BEGIN
  L := K AND 15;
  IF L < 10 THEN A [I] := Chr (L+48)
            ELSE A [I] := Chr (L+55);
  K := K SHR 4;
END;

Hex := A;
```

Auf einem AT286 mit 12 MHz benötigt die erstgenannte Funktion 1.0 ms, während die unten stehende Funktion in 0.1 ms die Wandlung vorgenommen hat.

T.2 Hexadezimal → Dezimal

Wandelt eine vierstellige Hexadezimalzahl in eine Dezimalzahl. Das hexadezimale Zahlensystem ist in der Datenverarbeitung sehr verbreitet. Es enthält die Ziffern 0 bis F. Somit gibt es also nicht nur 10 Ziffern (dezimal), sondern 16 Ziffern (hexadezimal).

```
FUNCTION Dez (A: String4): Word;

VAR
  I:   Byte;
  K,L: Word;

BEGIN

  L := 0;

  FOR I := 1 TO 4 DO
  BEGIN
    CASE A[I] OF
      '0'..'9': K := Ord (A[I]) - 48;
      'A'..'F': K := Ord (A[I]) - 55;
      'a'..'f': K := Ord (A[I]) - 87;
      ELSE      BEGIN
                  Dez := 0;
                  Exit;
                END;
    END;
    L := L * 16 + K;
  END;

  Dez := L;

END;
```

Folgendes Umrechnungsprogramm leistet nützliche Dienste:

```
BEGIN
  REPEAT
    Write ('Hexadezimalzahl (0000..FFFF): ');
    ReadLn (A);
    WriteLn ('Dezimalzahl: ',Dez(A));
  UNTIL A = '****';
END.
```

Damit die hexadezimalen Zahlen mit Klein- und Großbuchstaben geschrieben werden dürfen, müssen im CASE sowohl die Kleinbuchstaben a..f als auch die Großbuchstaben A..F abgefragt werden. Das große A besitzt den ASCII-Code 65 und das kleine a den ASCII-Code 97.

Weil die Buchstaben A bis F im *ASCII-Alphabet* hintereinander stehen, darf in der CASE-Abfrage .. zwischen beiden Zeichen gesetzt werden, was soviel wie *von .. bis ..* bedeutet. Gleiches gilt für die Kleinbuchstaben a bis f und für die Zahlen 0 bis 9.

Die zu wandelnde Hexadezimalzahl muß vier Zeichen lang sein. Sie darf nur die definierten Zeichen beinhalten, sonst ist das Ergebnis 0.

Umwandlung eines Strings in einen Integer-Wert. Dabei werden die Zeichen bis zum ersten erlaubten Zeichen (Ziffer, Vorzeichen) überlesen. Der String hinter der Zahl wird als Reststring übergeben.

```
FUNCTION IWert (VollString:     String;
                VAR RestString: String): LongInt;
CONST
  ErstesZeichen: SET OF Char = ['-','+','0'..'9'];
VAR
  WertString: String;
  I:          Byte;
  Zahl:       LongInt;
  FehlPos:    Integer;
BEGIN
  I := 1;
  WHILE (I <= Length(VollString)) AND
        NOT (VollString[I] IN ErstesZeichen) DO  Inc (I);
  IF I > Length (VollString) THEN
  BEGIN
    IWert := 0;
    RestString := VollString;
    Exit;
  END;
  WertString := Copy (VollString,I,255);
  Val (WertString,Zahl,FehlPos);
  IF FehlPos <> 0 THEN
  BEGIN
    RestString := Copy (WertString,FehlPos,255);
    WertString := Copy (WertString,1,FehlPos-1);
    Val (WertString,Zahl,FehlPos);
  END
  ELSE  RestString := '';
  IWert := Zahl;
END;
```

Nachstehendes Testprogramm hilft Ihnen, die Eigenschaften dieser Wandlungsfunktion zu ergründen:

```
VAR
  A,Rest: String;
  B,C,D:  LongInt;
BEGIN
  REPEAT
    Write ('Zu wandelnder String: ');
    ReadLn (A);
    B := IWert (A,Rest);
    C := IWert (Rest,Rest);
    D := IWert (Rest,Rest);
    WriteLn (B:6,C:6,D:6,Rest:20);
  UNTIL A = '*';
END.
```

Dieses Testprogramm eignet sich zum Beispiel auch gut, um die Eingabe und Auswertung eines Datums (16.6.1992) oder einer Uhrzeit (15:25:30) zu testen.

Der *SET OF Char* mit der Bezeichnung *ErstesZeichen* besteht aus den Vorzeichen + und - sowie aus den Ziffern 0 bis 9, die eigentlich alle einzeln aufgeführt werden müßten. Da aber in der ASCII-Tabelle die Ziffern 0 bis 9 fortlaufend hintereinander stehen (ASCII-Code 48 bis 57), dürfen sie mit dem *von..bis..*-Symbol versehen werden.

T.4 String → Reelle Zahl

Umwandlung eines Strings in einen Real-Wert. Dabei werden die Zeichen bis zum ersten erlaubten Zeichen (Vorzeichen, Dezimalpunkt, Ziffer) überlesen. Der String hinter der Zahl wird als Reststring übergeben.

```
FUNCTION Wert (VollString:      String;
               VAR RestString: String): Real;

CONST
  ErstesZeichen: SET OF Char = ['-','+','.','0'..'9'];

VAR
  WertString: String;
  I:          Byte;
  Zahl:       Real;
  FehlPos:    Integer;

BEGIN
  I := 1;
  WHILE (I <= Length(VollString)) AND
        NOT (VollString[I] IN ErstesZeichen)  DO Inc (I);
  IF I > Length (VollString) THEN
  BEGIN
    Wert := 0.0;
    RestString := VollString;
    Exit;
  END;
  WertString := Copy (VollString,I,255);
  IF WertString [1] = '.' THEN  Insert ('0',WertString,1);
  IF (WertString [1] IN ['-','+']) AND (WertString [2] = '.') THEN
    Insert ('0',WertString,2);
  Val (WertString,Zahl,FehlPos);
  IF FehlPos <> 0 THEN
  BEGIN
    RestString := Copy (WertString,FehlPos,255);
    WertString := Copy (WertString,1,FehlPos-1);
    IF WertString[FehlPos-1] = '.' THEN Insert('0',WertString,FehlPos);
    Val (WertString,Zahl,FehlPos);
  END
  ELSE  RestString := '';
  Wert := Zahl;
END;
```

Nachstehendes Testprogramm hilft Ihnen, die Eigenschaften dieser Wandlungsfunktion zu ergründen:

```
VAR
  A,Rest: String;

BEGIN
  REPEAT
    Write ('Zu wandelnder String: ');
    ReadLn (A);
    WriteLn (Wert(A,Rest):10:3,Rest:20);
  UNTIL A = '*';
END.
```

Die Funktionen *Wert* und *IWert* haben gegenüber der TurboPascal-Prozedur *Val* den Vorteil, daß es sich eben um eine Funktion und nicht um eine Prozedur handelt. Damit kann sie direkt in Ausdrücken und Statements verwendet werden. Zum anderen bietet *Wert* gegenüber *Val* den Vorteil, daß führende Leerzeichen, Buchstaben und andere Symbole überlesen werden und auch dahinter stehende Zeichen nicht stören, ja sogar als Rest des Strings zur weiteren Auswertung zurückgegeben werden.

Umwandlung eines Integer-Wertes in einen String.

```
FUNCTION StrInt (I: LongInt): String;

VAR
  HilfsString: String;

BEGIN
  Str (I,HilfsString);
  StrInt := HilfsString;
END;
```

Die Funktion *StrInt* bringt gegenüber der Prozedur *Str* den Vorteil, daß sie in *Write*-Befehlen und Formeln direkt verwendet werden kann:

```
BEGIN
  ...
  WriteLn (StrInt(3*KA+WG),' km');
  ...
  Schreibe (5,10,StrInt(Breite)+' m');
  ...
  AusgabeText := 'Das Gewicht des Balkens beträgt ' + StrInt(Gewicht)
                                                    + ' kg';
  ...
END.
```

Für Ihre eigenen Notizen.

Umwandlung einer reellen Zahl (Typ *Real*) in einen String. Ist mit der angegebenen Anzahl der Nachkommastellen S die Gesamtlänge des Strings größer als die ebenfalls übergebene Länge L, so wird zunächst versucht, S so zu reduzieren, daß die Gesamtlänge genau L beträgt, anderenfalls wird die wissenschaftliche Exponentialform verwendet. Wird S = -1 gesetzt, wird grundsätzlich die Exponentendarstellung erzwungen.

Der Vorteil der Funktion *StrReal* gegenüber der Prozedur *Str* liegt in der direkten Verwendbarkeit in Ausdrücken jeder Art sowie in der automatischen Anpassung der Nachkommastellen.

```
FUNCTION StrReal (X: Real;
                  L: Byte;
                  S: ShortInt): String;
VAR
  HilfsString: String;
  LH,St:       Byte;

BEGIN
  IF L > 0 THEN
  BEGIN
    Str (X:L:S,HilfsString);
    LH := Length (HilfsString);
    IF LH > L THEN
    BEGIN
      IF (LH-S-1 <= L) AND (S > 0) THEN
      BEGIN
        St := IMax (0,S-(LH-L));
        Str (X:L:St,HilfsString);
        StrReal := HilfsString;
      END
      ELSE
      BEGIN
        Str (X:L,HilfsString);
        LH := Length (HilfsString);
        IF LH <= L THEN  StrReal := HilfsString
                   ELSE  StrReal := Kette (L,'*');
      END;
    END
    ELSE  StrReal := HilfsString;
  END
  ELSE  StrReal := '';
END;
```

Diese Funktion ist zur Erstellung von Tabellen hervorragend geeignet:

```
CONST
  X: ARRAY [1..11] OF Real =
     (12.35, 38.4, 22.34567, -12.06057, 9974.123, 13500.777,
      457000.6668, 1200300.987, 34500666.234, -34500666.234, -1.234E+8);
VAR
  K: Byte;

BEGIN
  ClrScr;
  FOR K := 1 TO 11 DO  WriteLn (StrReal(X[K],8,4));
END.
```

Die TurboPascal-Prozedur *Str* besitzt denselben Rundungsmechanismus wie *Write*. Dabei gibt es bei einer Zahl mit einer exakten fünf am Ende eine kleine Besonderheit beim Runden. In der Schule hat man noch gelernt, daß eine fünf grundsätzlich aufgerundet wird. In TurboPascal wird eine fünf immer so gerundet, daß eine gerade Endziffer entsteht. Aus 4.005 wird also 4.00 und aus 4.985 wird 4.98 .

V VEKTORRECHNUNG

In der Mathematik kommt es in verschiedenen Fällen zur Berechnung der Determinante, insbesondere der sogenannten Systemdeterminanten. Letztere ist beispielsweise bei der Bestimmung eines Gleichungssystemes von Bedeutung, da sie nicht verschwinden darf (also ungleich Null sein muß), wenn das Gleichungssystem lösbar sein soll.

```
FUNCTION Det (Ordnung: Byte;
              Feld:    Matrix): Real;

VAR
  I,J:      Byte;
  Z,S:      Byte;
  A1,A2,B: Real;

BEGIN
  CASE Ordnung OF
    0:   B := 0;
    1:   B := Feld [1,1];
    2:   B := Feld [1,1] * Feld [2,2] - Feld [1,2] * Feld [2,1];
    ELSE BEGIN
           B := 0;
           FOR I := 1 TO Ordnung DO
           BEGIN
             A1 := 1;
             A2 := 1;
             FOR J := 1 TO Ordnung DO
             BEGIN
               Z := J;
               S := ((I+J-2) MOD Ordnung) + 1;
               A1 := A1 * Feld [Z,S];
               S := (I-J+Ordnung) MOD Ordnung;
               IF S = 0 THEN  S := Ordnung;
               A2 := A2 * Feld [Z,S];
             END;
             B := B + A1 - A2;
           END;
         END;
  END;
  Det := B;
END;
```

Um die Funktion *Det* aufrufen zu können, müssen im Programm vorab folgende Typdeklarationen vereinbart werden:

```
CONST
  MaxOrdnung = 20;

TYPE
  Vektor = ARRAY [1..MaxOrdnung] OF Real;
  Matrix = ARRAY [1..MaxOrdnung] OF Vektor;
```

Nehmen wir an, Sie möchten folgendes Gleichungssystem lösen:

$$\begin{aligned} 3\cdot a + 4\cdot b + 5\cdot c &= 19 \\ 7\cdot a + 5\cdot b - 6\cdot c &= 23 \\ 9\cdot a - 3\cdot b + 2\cdot c &= 17 \end{aligned}$$

Zur Prüfung der Lösbarkeit muß die Systemdeterminante berechnet werden.

$$D = \begin{vmatrix} 3 & 4 & 5 \\ 7 & 5 & -6 \\ 9 & -3 & 2 \end{vmatrix}$$

Das Gleichungssystem ist lösbar, wenn $D \neq 0$ ist.

In TurboPascal-Code sieht das Ganze dann so aus:

```
VAR
  M: Matrix;

BEGIN

  M [1,1] := 3;
  M [1,2] := 4;
  M [1,3] := 5;

  M [2,1] := 7;
  M [2,2] := 5;
  M [2,3] := -6;

  M [3,1] := 9;
  M [3,2] := -3;
  M [3,3] := 2;

  IF Det (3,M) = 0 THEN  WriteLn ('Gleichungssystem nicht lösbar!')
                   ELSE  WriteLn ('Gleichungssystem lösbar!');

END.
```

Im vorliegenden Beispiel ist die Systemdeterminante D gleich -626. Das Gleichungssystem ist also lösbar. Die Lösung erhält man mit Hilfe der Matrizenrechnung (siehe V.6).

Die Determinante wird als Array geschrieben, wobei die erste Zeile als ersten Index eine 1 hat, die zweite Zeile eine 2 usw. Die erste Spalte hat als zweiten Index eine 1, die zweite Spalte eine 2, usw. Allgemein wird das Array also wie folgt bestückt: Array [Zeile,Spalte].

Die Berechnung der Determinante folgt dem Prinzip der Unterdeterminanten. Um eine 3*3-Determinante zu berechnen, wird dreimal eine 2*2-Unterdeterminante berechnet und mit der dritten Zeile multipliziert.

$$\begin{vmatrix} a11 & a12 & a13 \\ a21 & a22 & a23 \\ a31 & a32 & a33 \end{vmatrix}$$

Die Berechnung erfolgt nach folgendem Schema:

$$D = a11 * \begin{vmatrix} a22 & a23 \\ a32 & a33 \end{vmatrix} - a12 * \begin{vmatrix} a21 & a23 \\ a31 & a33 \end{vmatrix} + a13 * \begin{vmatrix} a21 & a22 \\ a31 & a32 \end{vmatrix}$$

$$D = a11 * (a22 \cdot a33 - a23 \cdot a32) - a12 * (a21 \cdot a33 - a31 \cdot a23) + \ldots$$

Das Rechenzeichen der einzelnen Summanden wechselt, beginnend mit Plus (+), dann Minus (-), dann wieder Plus (+), usw.

Diese Prozedur addiert zwei quadratische Matrizen *Feld1* und *Feld2*, die beide von gleicher *Ordnung* sind. Die Addition erfolgt elementweise. Das Ergebnis wird als Matrix *Feld* zurückgegeben, so daß die ursprünglichen Matrizen erhalten bleiben.

```
PROCEDURE MatrixPlusMatrix (Ordnung:  Byte;
                            Feld1:    Matrix;
                            Feld2:    Matrix;
                            VAR Feld: Matrix);
VAR
  I,J: Byte;

BEGIN
  FOR I := 1 TO Ordnung DO
    FOR J := 1 TO Ordnung DO  Feld [I,J] := Feld1 [I,J] + Feld2 [I,J];
END;
```

Um die Prozedur *MatrixPlusMatrix* aufrufen zu können, müssen im Programm vorab folgende Typdeklarationen vereinbart werden:

```
CONST
  MaxOrdnung = 20;

TYPE
  Vektor = ARRAY [1..MaxOrdnung] OF Real;
  Matrix = ARRAY [1..MaxOrdnung] OF Vektor;
```

Das folgende Beispiel zeigt zwei einfache 3*3-Matrizen, die addiert werden sollen. Anschließend wird die Ergebnismatrix ausgedruckt.

```
VAR
  A,B,C: Matrix;
  I,J:   Byte;

BEGIN

  A [1,1] := 3;     A [1,2] := 4;     A [1,3] := 5;
  A [2,1] := 7;     A [2,2] := 5;     A [2,3] := -6;
  A [3,1] := 9;     A [3,2] := -3;    A [3,3] := 2;

  B [1,1] := 1;     B [1,2] := -6;    B [1,3] := -7;
  B [2,1] := 3;     B [2,2] := 15;    B [2,3] := 18;
  B [3,1] := 5;     B [3,2] := 43;    B [3,3] := 22;

  MatrixPlusMatrix (3,A,B,C);

  FOR I := 1 TO 3 DO
  BEGIN
    FOR J := 1 TO 3 DO  Write (C[I,J]:5:0);
    WriteLn;
  END;

END.
```

Mit Hilfe dieser Prozedur und der nächsten in Rezept V.3 kann man auch eine Matrix von einer anderen subtrahieren. Lesen Sie bitte diesbezüglich die Anwendung in Rezept V.3 durch.

Diese Prozedur multipliziert eine Matrix *Feld1* mit einer Konstanten. Die Multiplikation erfolgt elementweise. Die ursprüngliche Matrix bleibt erhalten, das Ergebnis wird in eine neue Matrix *Feld* geschrieben.

```
PROCEDURE MatrixMalKonstante (Ordnung:   Byte;
                              Feld1:     Matrix;
                              Konstante: Real;
                              VAR Feld:  Matrix);

VAR
  I,J: Byte;

BEGIN
  FOR I := 1 TO Ordnung DO
    FOR J := 1 TO Ordnung DO  Feld [I,J] := Konstante * Feld1 [I,J];
END;
```

Um die Prozedur *MatrixMalKonstante* aufrufen zu können, müssen im Programm vorab folgende Typdeklarationen vereinbart werden:

```
CONST
  MaxOrdnung = 20;

TYPE
  Vektor = ARRAY [1..MaxOrdnung] OF Real;
  Matrix = ARRAY [1..MaxOrdnung] OF Vektor;
```

Das folgende Beispiel zeigt zwei einfache 3×3-Matrizen, die subtrahiert werden sollen: C = A - B. Dazu wird zunächst die Matrix B mit -1 multipliziert und in dieselbe Matrix B zurückgeschrieben. Obwohl es die Prozedur auch erlaubt, das Ergebnis in eine andere Matrix zurückzuschreiben, wollen wir dennoch für dieses Zwischenergebnis keine gesonderte Variable deklarieren, da sie nur unnötig Speicherplatz verbraucht. Nun wird die negative Matrix B zu A addiert, welches einer Subtraktion gleich kommt. Anschließend wird die Ergebnismatrix ausgedruckt.

```
VAR
  A,B,C: Matrix;
  I,J:   Byte;

BEGIN

  A [1,1] := 3;    A [1,2] := 4;    A [1,3] := 5;
  A [2,1] := 7;    A [2,2] := 5;    A [2,3] := -6;
  A [3,1] := 9;    A [3,2] := -3;   A [3,3] := 2;

  B [1,1] := 1;    B [1,2] := -6;   B [1,3] := -7;
  B [2,1] := 3;    B [2,2] := 15;   B [2,3] := 18;
  B [3,1] := 5;    B [3,2] := 43;   B [3,3] := 22;

  MatrixMalKonstante (3,B,-1,B);
  MatrixPlusMatrix (3,A,B,C);

  FOR I := 1 TO 3 DO
  BEGIN
    FOR J := 1 TO 3 DO  Write (C[I,J]:5:0);
    WriteLn;
  END;

END.
```

Für Ihre eigenen Bemerkungen.

Diese Prozedur multipliziert eine Matrix *Feld* mit einem Vektor *Vek1*. Der ursprüngliche Vektor bleibt erhalten, das Ergebnis wird in einen neuen Vektor *Vek* geschrieben.

```
PROCEDURE MatrixMalVektor (Ordnung: Byte;
                           Feld:    Matrix;
                           Vek1:    Vektor;
                           VAR Vek: Vektor);
VAR
  I,J: Byte;

BEGIN
  FOR I := 1 TO Ordnung DO
  BEGIN
    Vek [I] := 0;
    FOR J := 1 TO Ordnung DO  Vek [I] := Vek [I] + Feld [I,J] * Vek1 [J];
  END;
END;
```

Um die Prozedur *MatrixMalVektor* aufrufen zu können, müssen im Programm vorab folgende Typdeklarationen vereinbart werden:

```
CONST
  MaxOrdnung = 20;

TYPE
  Vektor = ARRAY [1..MaxOrdnung] OF Real;
  Matrix = ARRAY [1..MaxOrdnung] OF Vektor;
```

Es soll folgende Matrix mit folgendem Vektor multipliziert werden.

$$\begin{pmatrix} 2 & 4 & 6 \\ 1 & 3 & 5 \\ 7 & 9 & 11 \end{pmatrix} * \begin{pmatrix} 3 \\ 6 \\ 9 \end{pmatrix} = \begin{pmatrix} x \\ y \\ z \end{pmatrix}$$

Als Ergebnis müssen Sie die Werte x=84, y=66 und z=174 erhalten.

```
VAR
  V,W: Vektor;
  A:   Matrix;
  I,J: Byte;

BEGIN
  A [1,1] := 2;   A [1,2] := 4;   A [1,3] := 6;
  A [2,1] := 1;   A [2,2] := 3;   A [2,3] := 5;
  A [3,1] := 7;   A [3,2] := 9;   A [3,3] := 11;
  V [1]   := 3;   V [2]   := 6;   V [3]   := 9;
  MatrixMalVektor (3,A,V,W);
  FOR I := 1 TO 3 DO  WriteLn (W[I]:5:0);
END.
```

Die Multiplikation erfolgt nach folgender Regel: Sie multiplizieren die Elemente der ersten Zeile der Matrix mit den Elementen des Vektors elementweise, also das erste Element der Matrixzeile mit dem ersten Element der Vektorspalte, usw. Die einzelnen Teilergebnisse der Multiplikationen addieren Sie und schon haben Sie den ersten Wert x des Ergebnisvektors errechnet. Nun fahren Sie mit der zweiten Zeile der Matrix fort und multiplizieren diese elementweise mit dem Vektor, addieren diese Teilergebnisse wieder und erhalten so den zweiten Wert y des Ergebnisvektors, usw.

Diese Prozedur multipliziert eine Matrix *Feld1* mit einer Matrix *Feld2*. Die ursprünglichen Matrizen bleiben erhalten, das Ergebnis wird in eine neue Matrix *Feld* geschrieben. Alle Matrizen müssen quadratisch und von derselben Ordnung sein.

```
PROCEDURE MatrixMalMatrix (Ordnung:  Byte;
                           Feld1:    Matrix;
                           Feld2:    Matrix;
                           VAR Feld: Matrix);
VAR
  I,J,K: Byte;

BEGIN
  FOR I := 1 TO Ordnung DO
  BEGIN
    FOR J := 1 TO Ordnung DO
    BEGIN
      Feld [I,J] := 0;
      FOR K := 1 TO Ordnung DO
        Feld [I,J] := Feld [I,J] + Feld1 [I,K] * Feld2 [K,J];
    END;
  END;
END;
```

Um die Prozedur *MatrixMalMatrix* aufrufen zu können, müssen im Programm vorab folgende Typdeklarationen vereinbart werden:

```
CONST
  MaxOrdnung = 20;

TYPE
  Vektor = ARRAY [1..MaxOrdnung] OF Real;
  Matrix = ARRAY [1..MaxOrdnung] OF Vektor;
```

Es sollen folgende Matrizen miteinander multipliziert werden:

$$\begin{pmatrix} 2 & 4 & 6 \\ 1 & 3 & 5 \\ 7 & 9 & 11 \end{pmatrix} * \begin{pmatrix} 3 & 4 & 5 \\ 6 & 7 & -8 \\ 9 & -5 & 3 \end{pmatrix} = \begin{pmatrix} x_1 & x_2 & x_3 \\ y_1 & y_2 & y_3 \\ z_1 & z_2 & z_3 \end{pmatrix}$$

```
VAR
  A,B,C: Matrix;
  I,J:   Byte;

BEGIN
  A [1,1] := 2;     A [1,2] := 4;     A [1,3] := 6;
  A [2,1] := 1;     A [2,2] := 3;     A [2,3] := 5;
  A [3,1] := 7;     A [3,2] := 9;     A [3,3] := 11;

  B [1,1] := 3;     B [1,2] := 4;     B [1,3] := 5;
  B [2,1] := 6;     B [2,2] := 7;     B [2,3] := -8;
  B [3,1] := 9;     B [3,2] := -5;    B [3,3] := 3;

  MatrixMalMatrix (3,A,B,C);

  FOR I := 1 TO 3 DO
  BEGIN
    FOR J := 1 TO 3 DO  Write (C[I,J]:5:0);
    WriteLn;
  END;
END.
```

Die Multiplikation erfolgt nach folgender Regel: Sie multiplizieren die Elemente der ersten Zeile der ersten Matrix mit den Elementen der ersten Spalte der zweiten Matrix elementweise, also die jeweils ersten Elemente miteinander, die jeweils zweiten Elemente miteinander, usw. Die einzelnen Teilergebnisse der Multiplikationen addieren Sie und schon haben Sie den ersten Wert x_1 des Ergebnisvektors errechnet. Nun fahren Sie mit der ersten Zeile der ersten Matrix und der zweiten Spalte der zweiten Matrix fort. Sie erhalten das Ergebnis x_2. Nach und nach werden so alle Zeilen der ersten Matrix mit allen Spalten der zweiten Matrix multipliziert und die Produkte addiert. Die jeweiligen Summen sind die Elemente der Ergebnismatrix an den jeweiligen Kreuzungspunkten der beteiligten Zeile und Spalte. Wird also die fünfte Zeile der Matrix A mit der neunten Spalte der Matrix B verknüpft, dann erhält man das Ergebnis in der fünften Zeile und neunten Spalte der Matrix C.

Das Lösen eines linearen Gleichungssystems ist mit Hilfe der Matrixrechnung besonders einfach. Zentrale Bedeutung hat hierbei die Invertierung der Systemmatrix. Ein Gleichungssystem mit 20 Unbekannten erfordert genau 20 voneinander unabhängige Gleichungen. Liegt ein solches Gleichungssystem vor, dann besteht die ganze Problematik der Lösung im Invertieren der Systemmatrix. Dazu muß die folgende Prozedur erstellt werden. Neben der *Ordnung* der Matrix wird die Matrix *Feld1* übergeben. Die Prozedur liefert die invertierte Matrix *Feld* und den Status zurück. Der *Status* wird auf *True* gesetzt, wenn die Systemdeterminante der Matrix nicht verschwindet (siehe Rezept V.1), anderenfalls wird *Status* auf *False* und die invertierte Matrix auf Null gesetzt, damit sie im aufrufenden Programm nicht undefiniert ist.

```
PROCEDURE MatrixInvertierung (Ordnung:    Byte;
                              Feld1:      Matrix;
                              VAR Feld:   Matrix;
                              VAR Status: Boolean);
VAR
  I,J,K: Byte;

BEGIN

  IF Det (Ordnung,Feld1) = 0 THEN
  BEGIN
    Status := False;
    FOR I := 1 TO Ordnung DO
      FOR J := 1 TO Ordnung DO  Feld [I,J] := 0;
    Exit;
  END
  ELSE  Status := True;

  FOR K := 1 TO Ordnung DO
  BEGIN

    FOR I := 1 TO Ordnung DO
      FOR J := 1 TO Ordnung DO
        IF NOT ((I=K) OR (J=K)) THEN  Feld1 [I,J] :=
               Feld1 [I,J] - Feld1 [K,J] * Feld1 [I,K] / Feld1 [K,K];

    FOR I := 1 TO Ordnung DO
      FOR J := 1 TO Ordnung DO
        IF NOT ((I<>K) OR (I=J)) THEN
          Feld1 [I,J] := - Feld1 [I,J] / Feld1 [K,K];

    FOR I := 1 TO Ordnung DO
      FOR J := 1 TO Ordnung DO
        IF NOT ((J<>K) OR (I=J)) THEN
          Feld1 [I,J] := Feld1 [I,J] / Feld1 [K,K];

    Feld1 [K,K] := 1 / Feld1 [K,K];

  END;

  FOR I := 1 TO Ordnung DO
    FOR J := 1 TO Ordnung DO  Feld [I,J] := Feld1 [I,J];

END;
```

Im aufrufenden Programm müssen vorab folgende Typdeklarationen vereinbart werden:

```
CONST
  MaxOrdnung = 20;

TYPE
  Vektor = ARRAY [1..MaxOrdnung] OF Real;
  Matrix = ARRAY [1..MaxOrdnung] OF Vektor;
```

Nehmen wir an, Sie möchten folgendes Gleichungssystem aus Rezept V.1 lösen:

$$
\begin{aligned}
3\cdot a + 4\cdot b + 5\cdot c &= 19\\
7\cdot a + 5\cdot b - 6\cdot c &= 23\\
9\cdot a - 3\cdot b + 2\cdot c &= 17
\end{aligned}
$$

Das Gleichungssystem ist lösbar, wenn alle Gleichungen voneinander unabhängig sind. Das ist aber genau dann der Fall, wenn die Systemdeterminante $D \neq 0$ ist.

In der bewährten Matrixschreibweise sieht das Gleichungssystem $M \cdot X = Y$ wie folgt aus:

$$
\begin{pmatrix} 3 & 4 & 5 \\ 7 & 5 & -6 \\ 9 & -3 & 2 \end{pmatrix} \times \begin{pmatrix} a \\ b \\ c \end{pmatrix} = \begin{pmatrix} 19 \\ 23 \\ 17 \end{pmatrix}
$$

Die Lösung X ergibt sich aus folgender Gleichung $X = M^{-1} \cdot Y$, wobei M^{-1} die invertierte Matrix von M ist:

$$
\begin{pmatrix} a \\ b \\ c \end{pmatrix} = \begin{pmatrix} 3 & 4 & 5 \\ 7 & 5 & -6 \\ 9 & -3 & 2 \end{pmatrix}^{-1} \times \begin{pmatrix} 19 \\ 23 \\ 17 \end{pmatrix}
$$

In TurboPascal sieht das Ganze dann so aus:

```
VAR
  X,Y: Vektor;
  M:   Matrix;
  I,J: Byte;
  St:  Boolean;

BEGIN

  M [1,1] := 3;                { Besetzen der Systemmatrix }
  M [1,2] := 4;
  M [1,3] := 5;

  M [2,1] := 7;
  M [2,2] := 5;
  M [2,3] := -6;

  M [3,1] := 9;
  M [3,2] := -3;
  M [3,3] := 2;

  Y [1] := 19;                 { Besetzen des Y-Vektors }
  Y [2] := 23;
  Y [3] := 17;
```

```
  MatrixInvertierung (3,M,M,St);

  IF St = True THEN
  BEGIN
    MatrixMalVektor (3,M,Y,X);
    FOR I := 1 TO 3 DO  WriteLn (X[I]:7:2)
  END
  ELSE  WriteLn ('Gleichungssystem nicht lösbar!');

END.
```

Als inverse Matrix müßten Sie folgende Werte erhalten:

$$\begin{pmatrix} 0.013 & 0.037 & 0.078 \\ 0.109 & 0.062 & -0.085 \\ 0.105 & -0.072 & 0.021 \end{pmatrix}$$

Als Lösung erhalten Sie dann:

$$\begin{pmatrix} a \\ b \\ c \end{pmatrix} = \begin{pmatrix} 2.42 \\ 2.06 \\ 0.70 \end{pmatrix}$$

Die invertierte Matrix hat eine besondere Eigenschaft. Multipliziert man sie mit der Ursprungsmatrix, dann erhält man die Einheitsmatrix: $M \cdot M^{-1} = E$. Die Einheitsmatrix besteht aus lauter Einsen in der Hauptdiagonalen (von links oben nach rechts unten). Die übrigen Elemente sind Null.

$$E = \begin{pmatrix} 1 & 0 & 0 \\ 0 & 1 & 0 \\ 0 & 0 & 1 \end{pmatrix}$$

W WINKEL

Umwandlung eines Winkels von Grad in Stunden, Minuten und Sekunden. Diese Umwandlung wird in der Astronomie oft benötigt, da man hier den Winkel außer von 0° bis 360° auch von 0^h bis 24^h entsprechend der täglichen Erdrotation angibt. So entspricht einem Winkel von 90° die Angabe 6^h und einem Winkel von 5° die Angabe $0^h 20^m$.

```
FUNCTION HMS (Grad: Real): String10;

VAR
  X:        Real;
  Stunde:   Byte;
  Minute:   Byte;
  Sekunde:  Byte;

BEGIN

  X       := Grad / 15;
  Stunde  := Trunc (X);
  X       := Frac (X) * 60;
  Minute  := Trunc (X);
  X       := Frac (X) * 60;
  Sekunde := Round (X);

  HMS := StrInt(Stunde) + ':' + StrInt(Minute) + ':' + StrInt(Sekunde);

END;
```

Die folgende Anwendung wandelt Ihnen einen Winkel von Grad in Stunden um:

```
BEGIN
  Write ('Winkel in Grad (0°..360°): ');
  ReadLn (Winkel);
  WriteLn ('Winkel in Stunden: ',HMS(Winkel));
END.
```

Diese Kurzfassung soll Sie in die Thematik der Umrechnung einführen. Sie ist daher von allem überflüssigem Schnickschnack befreit, so daß Sie sich auf das Wesentliche konzentrieren können. Das nachfolgende Rezept W.2 behandelt dieselbe Umrechnungsfunktion, aber mit einigen Erweiterungen.

Diese Kurzfassung geht davon aus, daß sich der Winkel im Bereich 0° bis 360° befindet.

W.2 Grad → Stunden:Minuten:Sekunden

Umwandlung eines Winkels von Grad in Stunden, Minuten und Sekunden. Diese in der Astronomie oft benötigte Funktion entspricht der Kurzfassung in Rezept W.1, wurde aber durch eine Überprüfung der Sekunden und um eine elegantere Darstellung erweitert. Wenn 60 Sekunden herauskommen, müssen diese auf 0 gesetzt werden und die Minuten um 1 erhöht werden. Entsprechendes geschieht bei 60 Minuten. Außerdem wird die Darstellung so gewählt, daß sie immer zweistellig ist, also statt 13:5:2 wird 13:05:02 ausgegeben.

```
FUNCTION HMS (Grad: Real): String10;

VAR
  X:       Real;
  Stunde:  Byte;
  Minute:  Byte;
  Sekunde: Byte;


FUNCTION NormWinkel (Grad: Real): Real;
BEGIN
  WHILE Grad <    0 DO  Grad := Grad + 360;
  WHILE Grad >= 360 DO  Grad := Grad - 360;
  NormWinkel := Grad;
END;


FUNCTION HMS2 (X: Byte): String2;
VAR
  XS: String [2];
BEGIN
  XS := StrInt (X);
  HMS2 := Copy ('0'+XS,Length(XS),2);
END;


BEGIN

  Grad := NormWinkel (Grad);                    { Normierung auf 0°..360° }

  X       := Grad / 15;
  Stunde  := Trunc (X);
  X       := Frac (X) * 60;
  Minute  := Trunc (X);
  X       := Frac (X) * 60;
  Sekunde := Round (X);

  IF Sekunde = 60 THEN
  BEGIN
    Dec (Sekunde,60);
    Inc (Minute);
    IF Minute = 60 THEN
    BEGIN
      Dec (Minute,60);
      Inc (Stunde);
      IF Stunde = 24 THEN  Dec (Stunde,24);
    END;
  END;

  HMS := StrInt (Stunde) + ':' + HMS2 (Minute) + ':' + HMS2 (Sekunde);

END;
```

Die folgende Anwendung wandelt Ihnen einen Winkel von Grad in Stunden um:

```
BEGIN
  Write ('Winkel in Grad: ');
  ReadLn (Winkel);
  WriteLn ('Winkel in Stunden: ',HMS(Winkel));
END.
```

Die Funktion *NormWinkel* normiert den Winkel auf den Bereich 0° bis 360°. Das bedeutet, daß ein Winkel, der ursprünglich 410° betrug, nunmehr 50° wird, und daß ein Winkel von -100° jetzt 260° wird.

Umwandlung eines Winkels von Grad in Grad, Bogenminuten und Bogensekunden. So wird zum Beispiel aus 15.50833° die neue Schreibweise 15° 30' 30". In der Astronomie ist die Winkelangabe in Grad, Bogenminute und Bogensekunde durchaus üblich, insbesondere bei kleinen Winkeln unter einem Grad (zum Beispiel 6' 35").

```
FUNCTION DMS (Grad: Real): String12;

VAR
  X:           Real;
  Grd:         Word;
  ArcMin:      Byte;
  ArcSek:      Byte;
  Vorzeichen: STRING [1];

BEGIN

  IF Grad < 0 THEN  Vorzeichen := '-'
                ELSE  Vorzeichen := '';

  X      := Abs (Grad);
  Grd    := Trunc (X);
  X      := Frac (X) * 60;
  ArcMin := Trunc (X);
  X      := Frac (X) * 60;
  ArcSek := Round (X);

  DMS := Vorzeichen + StrInt (Grd) + '°' + StrInt (ArcMin) + #39
                                         + StrInt (ArcSek) + '"';

END;
```

Das folgende Programm wandelt Ihnen einen Winkel von reiner Gradangabe in Grad, Bogenminuten und Bogensekunden um:

```
BEGIN
  Write ('Winkel in Grad: ');
  ReadLn (Winkel);
  WriteLn ('Winkel: ',DMS(Winkel));
END.
```

Im Gegensatz zur Umwandlung von Grad in Stunden (siehe Rezept W.2) wird hier das Vorzeichen berücksichtigt, das heißt der Winkel darf im Bereich -360° bis +360° liegen, ja sogar noch darüber hinausgehen. Eine Grenze wird allerdings durch das Übergabeformat *String12* gesetzt, wodurch nur dreistellige (bei positiven Winkeln vierstellige) Gradzahlen möglich sind.

Umwandlung eines Winkels von Grad in Grad, Bogenminuten und Bogensekunden. Diese Funktion entspricht der Kurzfassung in Rezept W.3, wurde aber durch eine Überprüfung der Bogensekunden und um eine elegantere Darstellung erweitert. Wenn 60 Bogensekunden herauskommen, müssen diese auf 0 gesetzt werden und die Bogenminuten um 1 erhöht werden. Entsprechendes geschieht bei 60 Bogenminuten. Außerdem wird die Darstellung so gewählt, daß sie immer zweistellig ist, also statt 13° 5' 2" wird 13° 05' 02" ausgegeben.

```
FUNCTION DMS (Grad: Real): String12;

VAR

  X:           Real;
  Grd:         Word;
  ArcMin:      Byte;
  ArcSek:      Byte;
  Vorzeichen: STRING [1];


FUNCTION DMS2 (X: Byte): String2;
VAR
  XS: String [2];
BEGIN
  XS := StrInt (X);
  DMS2 := Copy ('0'+XS,Length(XS),2);
END;


BEGIN

  IF Grad < 0 THEN  Vorzeichen := '-'
              ELSE  Vorzeichen := '';

  X      := Abs (Grad);
  Grd    := Trunc (X);
  X      := Frac (X) * 60;
  ArcMin := Trunc (X);
  X      := Frac (X) * 60;
  ArcSek := Round (X);

  IF ArcSek = 60 THEN
  BEGIN
    Dec (ArcSek,60);
    Inc (ArcMin);
    IF ArcMin = 60 THEN
    BEGIN
      Dec (ArcMin,60);
      Inc (Grd);
      IF Grd = 360 THEN  Dec (Grd,360);
    END;
  END;

  DMS := Vorzeichen + StrInt (Grd) + '°' + DMS2 (ArcMin) + #39
                                     + DMS2 (ArcSek) + '"';

END;
```

Die folgende Routine wandelt Ihnen einen Winkel von reiner Gradangabe in Grad, Bogenminuten und Bogensekunden um:

```
BEGIN
  Write ('Winkel in Grad: ');
  ReadLn (Winkel);
  WriteLn ('Winkel: ',DMS(Winkel));
END.
```

Im Gegensatz zur Umwandlung von Grad in Stunden (siehe Rezept W.2) wird hier das Vorzeichen berücksichtigt, das heißt der Winkel darf im Bereich -360° bis +360° liegen, ja sogar noch darüber hinausgehen. Eine Grenze wird allerdings durch das Übergabeformat *String12* gesetzt, wodurch nur dreistellige (bei positiven Winkeln vierstellige) Gradzahlen möglich sind.

Die TurboPascal-Funktion *Frac* nimmt nur den Nachkommateil, während der ganzzahlige Anteil »vergessen« wird.

Die Funktion *Round* bildet nicht nur einen Rundungswert, wie der Name schon sagt, sondern wandelt gleichzeitig auch in eine Integervariable, in diesem Falle in eine Variable vom Type *Byte*.

Umwandlung eines Winkels von Grad, Bogenminuten und Bogensekunden in Grad. So ergibt -200° 15' 18" exakt den Wert -200.255°. Diese Funktion wird benötigt, wenn ein Winkel (zum Beispiel 13° 25' 08") für Berechnungen mit trigonometrischen Funktionen (zum Beispiel *SinD*) umgewandelt werden soll.

```
FUNCTION Deg (Winkel: String12): Real;

VAR
  Grad:        Word;
  ArcMin:      Byte;
  ArcSek:      Byte;
  RestDatum:   STRING [12];
  Vorzeichen: ShortInt;

BEGIN

  BlanksWeg (Winkel,-1);
  IF Winkel [1] = '-' THEN  Vorzeichen := -1
                      ELSE  Vorzeichen := 1;

  Grad   := Abs (IWert (Winkel,RestDatum));
  ArcMin := Abs (IWert (RestDatum,RestDatum));
  ArcSek := Abs (IWert (RestDatum,RestDatum));

  Deg := Vorzeichen * (Grad + ArcMin/60 + ArcSek/3600);

END;
```

Wenn Sie zum Beispiel den Sinus des Winkels $\alpha = 35°08'36''$ bilden möchten, dann müssen Sie den Winkel zunächst in reine Grad umwandeln und dann die Funktion *SinD* (siehe Rezept W.6) verwenden, oder in Bogenmaß wandeln und die Funktion *Sin* aufrufen.

```
VAR
  Winkel: String[12];
  Grad:   Real;
  Sinus:  Real;

BEGIN
  Write ('Winkel in °'": ');
  ReadLn (Winkel);
  Grad := Deg (Winkel);
  Sinus :=  SinD (Grad);
  WriteLn ('Sin (',Grad:3:0,'°) = ',Sinus:6:3);
  WriteLn ('Sin (',Grad/180*Pi:5:3,') = ',Sin(Grad/180*Pi):6:3);
END.
```

Die Funktion *IWert* können Sie unter Rezept T.3 genauer nachlesen. Die Prozedur *BlanksWeg* ist in Rezept A.1 näher erläutert und ist hier wegen der Bestimmung des Vorzeichens notwendig.

Diese Funktionen berechnen den Sinus und Cosinus aus einem Winkel, der im Gradmaß angegeben ist. Normalerweise verlangt TurboPascal wie andere Compiler auch das Argument im Bogenmaß (2π).

```
FUNCTION SinD (X: Real): Real;                          { D = -∞ .. ∞ }
                                                        { W = -1 .. 1 }
BEGIN
  SinD := Sin (X*Pi/180);
END;


FUNCTION CosD (X: Real): Real;                          { D = -∞ .. ∞ }
                                                        { W = -1 .. 1 }
BEGIN
  CosD := Cos (X*Pi/180);
END;
```

Sie interessieren sich für die Länge des Seils der Seilbahn, die von einem Berg mit bekannter Höhe H = 2550 m hinunter ins flache Land führt.

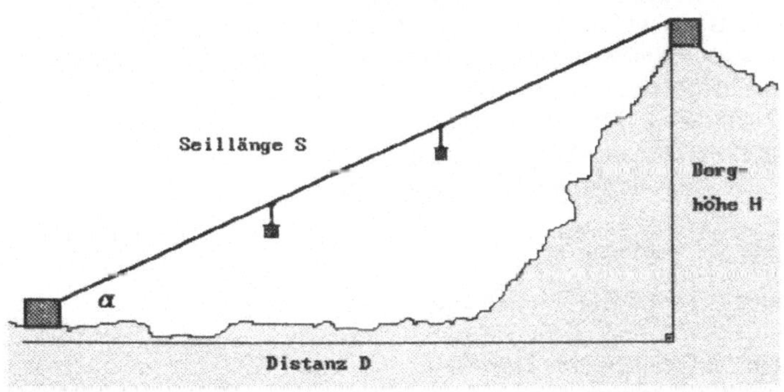

Wenn Sie statt der Höhe die Distanz D kennen, haben Sie ebenfalls die Möglichkeiten, die Seillänge S zu berechnen. Auf jeden Fall müssen Sie den Winkel α, unter dem die Bergstation von der Talstation aus betrachtet wird, schätzen. Es gilt:

$$S = \frac{H}{\sin\alpha} = \frac{D}{\cos\alpha}$$

Bei einem Winkel von 25° ergibt sich eine Seillänge von 6034 m, wie Sie sich durch die folgende Programmzeile überzeugen können:

```
WriteLn (2550/SinD(25):4:0,' m');
```

Der Definitionsbereich D des Argumentes X ist die gesamte Menge R der reellen Zahlen. Als Wertemenge W erhält man in beiden Fällen das geschlossene Intervall (-1..1) als Teilmenge der reellen Zahlen R.

Die Funktion bildet den Tangens aus einem Winkel, der im Gradmaß angegeben ist. TurboPascal selbst kennt keine Tangens-Funktion, sie muß vom Programmierer selbst geschaffen werden.

```
FUNCTION TanD (X: Real): Real;                              { D = -∞ .. ∞ }
                                                            { W = -∞ .. ∞ }

CONST
  MaxReal = 1E+37;

BEGIN
  IF CosD (X) = 0 THEN  TanD := MaxReal
                  ELSE  TanD := SinD (X) / CosD (X);
END;
```

Der Abstand A zwischen zwei Häusern, die durch ein Hindernis (z.B. einen Fluß) getrennt sind, soll bestimmt werden. Wir messen daher im rechten Winkel zur Linie A eine Basisstrecke B aus und bestimmen den Winkel α zwischen beiden Häusern vom Endpunkt dieser Basis B aus betrachtet. Der Abstand A ergibt sich durch A = B · tan α. Mit B = 40 m und α = 52° würde die entsprechende Ausgabezeile in Turbo-Pascal lauten, die als Ergebnis 51 m ausgeben würde:

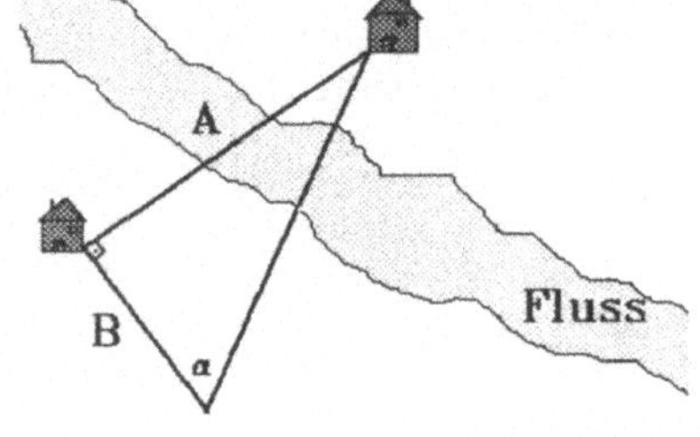


```
WriteLn (40*TanD(52):3:0,' m');
```

Sie möchten mit einer KB-Kamera und Normalobjektiv einen Fernsehturm (H = 360 m) aufnehmen. Im Hochformat erreicht Ihr Bild eine Ausdehnung von 36°. Sie müssen also einen Abstand A vom Fernsehturm haben, der sich wie folgt errechnet:

$$A = H / \tan \alpha$$

Das dazugehörige Listing sieht wie folgt aus:

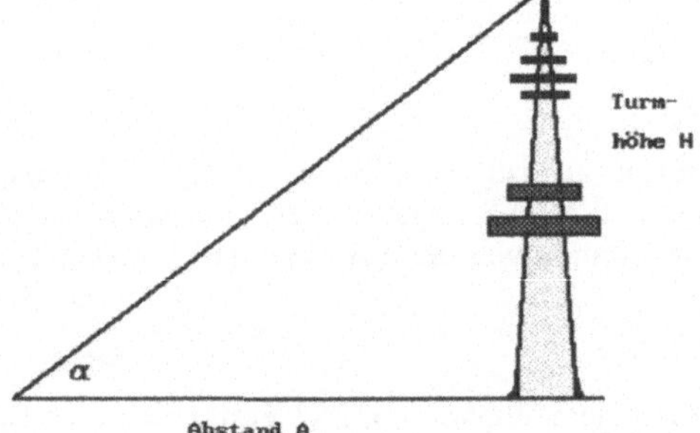


```
BEGIN
  Hoehe := 360;
  Alpha := 36;
  Abstand := Hoehe/TanD(Alpha);
  WriteLn ('Abstand = ',Abstand:4:0,' m');
END.
```

Der Definitionsbereich D des Argumentes X ist die gesamte Menge R der reellen Zahlen. Als Wertemenge W erhält man wiederum die gesamte Menge R. Da sich der Tangens als Quotient aus Sinus und Cosinus ergibt und der Nenner niemals verschwinden darf, muß also CosD (X) <> 0 sein. Ist CosD (X) = 0, dann würde der Tangens theoretisch unendlich werden. In der Praxis besetzen wir ihn mit einer möglichst großen Zahl.

Die Funktion bildet den ArcusSinus einer reellen Zahl und übergibt das Ergebnis als Gradangabe.

```
FUNCTION ASinD (X: Real): Real;                    { D = -1   .. 1   }
                                                   { W = -90° .. 90° }

BEGIN
  ASinD := ATanD (X,Sqrt(1-Sqr(X)));
END;
```

Sie haben eine Kante mit der Höhe H und möchten an diese ein Brett mit der Länge L legen, um z.B. eine Karre hoch- und runter fahren zu können.

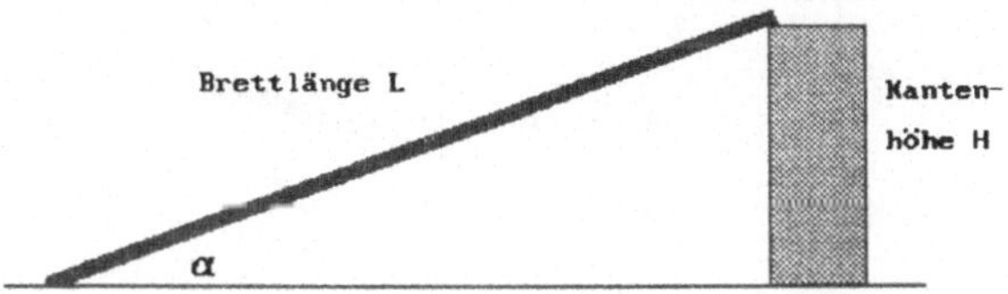

Dabei darf die Schiefe des Brettes aber einen bestimmten Grenzwert nicht überschreiten, da sonst der Inhalt der Karre herausfällt. Die Schiefe α ergibt sich wie folgt:

$$\alpha = \arcsin\left(\frac{H}{L}\right)$$

Der Definitionsbereich D des Argumentes X ist die Menge der reellen Zahlen aus dem Intervall (-1..1). Als Wertemenge W erhält man die Teilmenge (-90° .. 90°) der reellen Zahlenmenge R.

TurboPascal kennt nur den ArcusTangens (ArcTan). Aus ihm kann man aber gemäß der Gleichung

$$\arcsin \alpha = \arctan\left(\frac{\alpha}{\sqrt{1-\alpha^2}}\right)$$

den ArcusSinus berechnen.

Die Funktion bildet den ArcusCosinus einer reellen Zahl und übergibt das Ergebnis als Gradangabe.

```
FUNCTION ACosD (X: Real): Real;                    { D = -1 .. 1    }
                                                   { W = 0° .. 180° }

BEGIN
  ACosD := ATanD (Sqrt(1-Sqr(X)),X);
END;
```

Welche Neigung hat das als Brücke verwendete Brett, welches Sie über eine Spalte gelegt haben? Sie kennen die Spaltenbreite B und die Länge L des zur Verfügung stehenden Brettes.

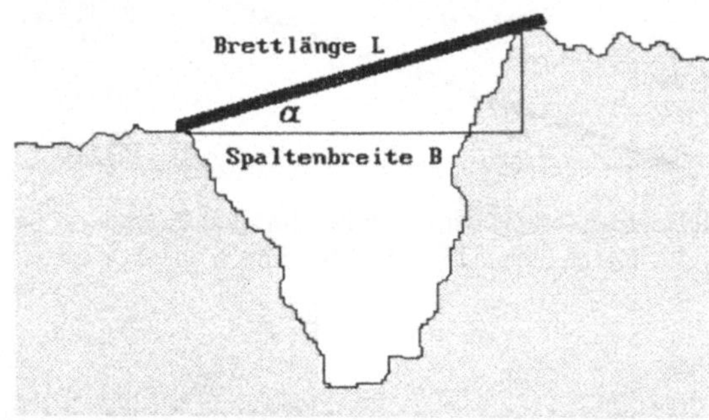

Zur Berechnung benötigen Sie den ArcusCosinus aus dem Verhältnis der Spaltenbreite zur Brettlänge:

$$\alpha = \arccos\left(\frac{B}{L}\right)$$

Der Definitionsbereich D des Argumentes X ist die Menge der reellen Zahlen aus dem Intervall (-1..1). Als Wertemenge W erhält man die Teilmenge (0°.. 180°) der reellen Zahlenmenge R.

TurboPascal kennt nur den ArcusTangens (ArcTan). Aus ihm kann man aber gemäß der Gleichung

$$\arccos\alpha = \arctan\left(\frac{\sqrt{1-\alpha^2}}{\alpha}\right)$$

den ArcusCosinus berechnen.

Die Funktion bildet den ArcusTangens einer reellen Zahl und übergibt das Ergebnis als Gradangabe.

```
FUNCTION ATanD (Z,N: Real): Real;                  { D = -∞    .. ∞    }
                                                   { W = -180° .. 180° }
BEGIN

  IF N = 0 THEN
  BEGIN
    ATanD := Sgn (Z) * 90;
    Exit;
  END;

  IF N > 0 THEN ATanD := ArcTan (Z/N) * 180/Pi
           ELSE ATanD := ArcTan (Z/N) * 180/Pi + Sgn (Z) * 180;

END;
```

Sie möchten an Hand der Sonnenhöhe berechnen, welche geographische Breite Ihr Standort hat. Denken Sie sich, es sei gerade Frühlings- oder Herbstbeginn und Sie beobachten die Sonne zur Mittagszeit, wenn sie ihren höchsten Stand hat. Nun messen Sie die Länge S eines Schattens, den ein Objekt bekannter Höhe H erzeugt. Die Sonnenhöhe α ist dann gegeben durch:

$$\alpha = \arctan\left(\frac{H}{S}\right)$$

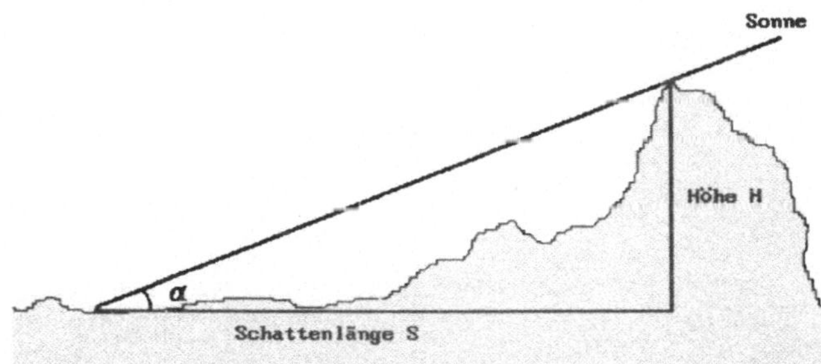

Daraus ergibt sich die geographische Breite des Standortes durch die Gleichung:

$$\varphi = 90° - \alpha$$

Wenn also beispielsweise die Höhe eines Berges 2300 m und die Länge seines Schattens 2930 m beträgt, dann ist die Sonnenhöhe α etwa 38° und die geographische Breite φ des Standortes 52°.

```
WriteLn (ATanD (2300,2930):4:0,'°');
WriteLn (90-ATanD (2300,2930):4:0,'°');
```

Der Definitionsbereich D des Argumentes X ist die Menge R der reellen Zahlen. Als Wertemenge W erhält man die Teilmenge (-180° .. 180°) der reellen Zahlenmenge R.

Z ZEIT

Umwandlung eines Gregorianischen Datums (z.B. 13. Oktober 1991) in ein Julianisches Datum (z.B. 2 448 543). Diese fortlaufende Tageszählung beginnt am 1.1.4713 vor Chr. und ist in der Astronomie sehr geläufig.

```
FUNCTION JD (GregDatum: String10): LongInt;  { D = 1.1.1600 .. 31.12.9999 }
                                             { W = 2305448 .. 5373484 }
CONST
  Monatstage: ARRAY [1..12] OF Integer
            = (0,31,59,90,120,151,181,212,243,273,304,334);
VAR
  Tag,Monat: Byte;
  Jahr:      LongInt;
  RestDatum: STRING [10];
  DiffTage:  LongInt;

BEGIN

  Tag   := Abs (IWert (GregDatum,RestDatum));
  Monat := Abs (IWert (RestDatum,RestDatum));
  Jahr  := Abs (IWert (RestDatum,RestDatum));

  DiffTage := (Jahr-1600) * 365 + (Jahr-1596) DIV 4 - (Jahr-1500) DIV 100
            + (Jahr-1200) DIV 400 + Monatstage [Monat] + Tag;

  IF (Jahr MOD 4 = 0) AND ((Jahr MOD 100 <> 0) OR (Jahr MOD 400 = 0)) AND
     (Monat < 3) THEN  DiffTage := DiffTage - 1;

  JD := 2305447 + DiffTage;      { 0.1.1600, 12 UT }

END;
```

Schreiben Sie sich folgendes kleines Umrechnungsprogramm.

```
VAR
  GregDatum: String[10];

BEGIN
  REPEAT
    Write ('Datum: ');
    ReadLn (GregDatum);
    WriteLn ('J.D. ',JD(GregDatum):10);
  UNTIL GregDatum = '1.1.1600';
END.
```

Das Hauptproblem der Umwandlung ist die Berücksichtigung des Schalttages (29.Februar), der normalerweise alle vier Jahre eintritt. Dabei gibt es aber Ausnahmen. Zu jedem vollen Jahrhundert (z.B. 1700, 1800, 1900) fällt der Schalttag aus. In jedem durch 400 teilbaren Jahr (z.B. 2000) findet der Schalttag aber wiederum statt. So ist also der 29. Feb. 2000 ein ganz besonderer Tag.

Da das Gregorianische Datum erst durch Papst Gregor XIII im Jahre 1582 durch Erlaß in Kraft gesetzt wurde, macht es keinen Sinn, Daten vor dem 1.1.1600 zu berechnen. Daher wird die Berechnung auf dieses Startdatum (genauer gesagt auf den 0.1.1600) ausgerichtet und das Julianische Datum dieses Tages (J.D. 2 305 447) zum Ergebnis hinzuaddiert.

In dieser Kurzfassung ist es notwendig, das Jahr mit allen vier Ziffern anzugeben. Es reicht also nicht, 13.10.91 zu schreiben. Vielmehr müssen Sie 13.10.1991 eingeben. Die zur Berechnung benötigte Funktion *IWert* finden Sie in Rezept T.3 näher behandelt.

Umwandlung eines Gregorianischen Datums (z.B. 13.Oktober 1991) in ein Julianisches Datum (z.B. 2 448 543). Diese fortlaufende Tageszählung beginnt am 1.1.4713 vor Chr. um 12 Uhr Weltzeit (UT = Universal Time) und ist in der Astronomie sehr geläufig.

Im Gegensatz zur Kurzfassung in Rezept Z.1 wird in dieser Version zunächst auch die Uhrzeit übergeben und umgewandelt. Ferner wird geprüft, ob das eingegebene Datum im Bereich 1.1.1600 bis 31.12.9999 liegt. Schließlich wird das aktuelle Jahrhundert ermittelt und bei Kurzeingabe des Jahrhunderts (z.B. 13.10.91) das jeweils gültige Jahrhundert (zur Zeit also 19..) ergänzt. Schließlich werden bei der Uhrzeit Werte über 23 Stunden bzw. 59 Minuten bzw. 59 Sekunden begrenzt.

```
FUNCTION JD (GregDatum: String10;           { D(GD) = 1.1.1600 .. 31.12.9999 }
             Weltzeit:  String8): Real;       { D(UT) = 0:0:0 .. 23:59:59  }
                                              { W = 2305447.5 .. 5373483.5 }
CONST
  Monatstage: ARRAY [1..12] OF Integer
            = (0,31,59,90,120,151,181,212,243,273,304,334);

VAR
  Tag,Monat: Byte;
  Jahr:      LongInt;
  Stunde:    Byte;
  Minute:    Byte;
  Sekunde:   Byte;
  J,M,T,W:   Word;
  RestDatum: STRING [10];
  RestZeit:  STRING [8];
  DiffTage:  LongInt;
  DiffZeit:  Real;

BEGIN

  Tag   := Abs (IWert (GregDatum,RestDatum));
  Monat := Abs (IWert (RestDatum,RestDatum));
  Jahr  := Abs (IWert (RestDatum,RestDatum));

  IF Jahr < 100 THEN
  BEGIN
    GetDate (J,M,T,W);
    Jahr := Trunc (J/100)*100 + Jahr;
  END;

  IF Jahr < 1600 THEN
  BEGIN
    JD := 2305447.5;          { 1.1.1600, 0 UT }
    Exit;
  END;

  IF Jahr > 9999 THEN
  BEGIN
    JD := 5373483.5;          { 31.12.9999, 0 UT }
    Exit;
  END;

  DiffTage := (Jahr-1600) * 365 + (Jahr-1596) DIV 4 - (Jahr-1500) DIV 100
              + (Jahr-1200) DIV 400 + Monatstage [Monat] + Tag;

  IF (Jahr MOD 4 = 0) AND ((Jahr MOD 100 <> 0) OR (Jahr MOD 400 = 0)) AND
     (Monat < 3) THEN  DiffTage := DiffTage - 1;
```

```
    IF Weltzeit <> '' THEN
    BEGIN
      Stunde  := Abs (IWert (Weltzeit,RestZeit));
      Minute  := Abs (IWert (RestZeit,RestZeit));
      Sekunde := Abs (IWert (RestZeit,RestZeit));
      Stunde  := IMin (Stunde,23);
      Minute  := IMin (Minute,59);
      Sekunde := IMin (Sekunde,59);
      DiffZeit := DiffTage + Stunde/24 + Minute/1440 + Sekunde/86400;
    END
    ELSE  DiffZeit := DiffTage;

    JD := 2305446.5 + DiffZeit;       { 0.1.1600, 0 UT }

  END;
```

Schreiben Sie sich folgendes kleines Umrechnungsprogramm.

```
  PROGRAM JulianischesDatum;

  USES Dos,Crt;

  TYPE
    String8:  STRING [8];
    String10: STRING [10];

  VAR
    GregDatum: String10;
    Weltzeit:  String8;

  FUNCTION JD (GregDatum: String10;
               Weltzeit:  String8 ): Real;
  BEGIN
   ...
  END;

  BEGIN
    REPEAT
      REPEAT
        Write ('Datum: ');
        ReadLn (GregDatum);
      UNTIL KontrolleGregDatum (GregDatum) = True;
      REPEAT
        Write ('Weltzeit: ');
        ReadLn (Weltzeit);
      UNTIL KontrolleUhrzeit (Weltzeit) = True;
      WriteLn ('J.D. ',JD(GregDatum,Weltzeit):12:3);
    UNTIL GregDatum = '1.1.1600';
  END.
```

Als Ergebnis für den 23.11.80, $17^h19^m41^s$ müssen Sie J.D. 2444567.222 erhalten.

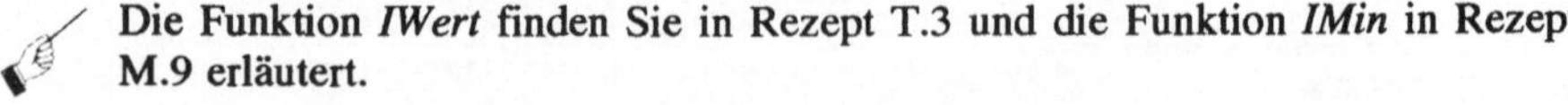

Die Funktion *IWert* finden Sie in Rezept T.3 und die Funktion *IMin* in Rezept M.9 erläutert.

Z.3 Julian.Datum → Greg.Datum (gekürzt)

Umwandlung eines Julianischen Datums (z.B. 2 448 543) in ein Gregorianisches Datum (z.B. 13.10.1991). Die fortlaufende Julianische Tageszählung beginnt am 1.1.4713 vor Chr. und ist in der Astronomie sehr verbreitet.

```
FUNCTION GD (JulDatum: Real): String10;        { D = 2305447.5 .. 5373483.5 }
                                               { W = 1.1.1600 .. 31.12.9999 }
CONST
  Monatstage: ARRAY [1..12] OF Integer
             = (0,31,59,90,120,151,181,212,243,273,304,334);
VAR
  DiffTage:        LongInt;
  Tag,Monat,Jahr:  Integer;
  WhileEnd:        Boolean;
BEGIN
  DiffTage := Trunc (JulDatum - 2305446.5);   { Löschung der Uhrzeit }
  Jahr     := 1600;                           { 0.1.1600, 0 UT }
  WhileEnd := False;
  WHILE (WhileEnd = False) AND (DiffTage > 365) DO
  BEGIN
    Inc (Jahr);
    Dec (DiffTage,365);
    IF (Jahr MOD 4=1) AND ((Jahr MOD 100<>1) OR (Jahr MOD 400=1)) THEN
    BEGIN
      Dec (DiffTage);
      IF DiffTage = 0 THEN
      BEGIN
        Dec (Jahr);
        DiffTage := 366;
        WhileEnd := True;
      END;
    END;
  END;
  Monat := 1;
  WHILE (Monat < 13) AND (DiffTage > Monatstage [Monat]) DO
  BEGIN
    IF (Monat = 2) AND (Jahr MOD 4 = 0) AND
       ((Jahr MOD 100 <> 0) OR (Jahr MOD 400 = 0)) THEN  Dec (DiffTage);
    Inc (Monat);
  END;
  Dec (Monat);
  Tag := (DiffTage) - Monatstage [Monat];
  IF (Monat = 2) AND (Jahr MOD 4 = 0) AND
     ((Jahr MOD 100 <> 0) OR (Jahr MOD 400 = 0)) THEN  Inc (Tag);
  GD := Tag + '.' + Monat + '.' + StrInt (Jahr);
END;
```

Nachstehendes Umrechnungsprogramm wird Ihnen nützliche Dienste leisten:

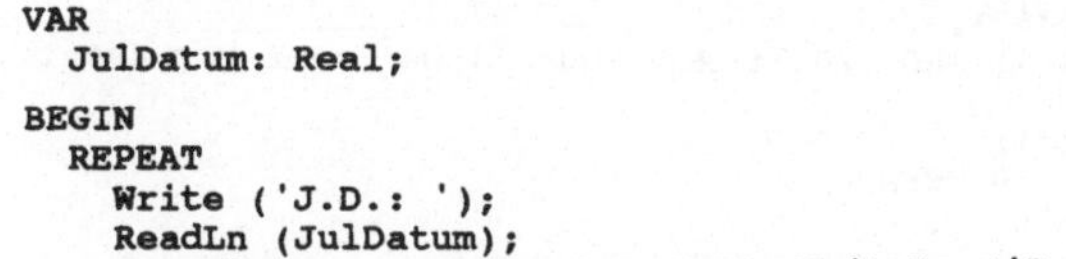

```
VAR
  JulDatum: Real;
BEGIN
  REPEAT
    Write ('J.D.: ');
    ReadLn (JulDatum);
    IF JulDatum > 2305447.5 THEN  WriteLn ('Datum: ',GD(JulDatum));
  UNTIL JulDatum = 0;
END.
```

Die einzelnen Schritte der Umwandlung sind im nächsten Rezept Z.4 näher erläutert.

Umwandlung eines Julianischen Datums (z.B. 2 448 543 .127) in ein Gregorianisches Datum (z.B. 13.10.1991). Die fortlaufende Julianische Tageszählung beginnt am 1.1.4713 vor Chr. um 12 Uhr Weltzeit (UT = Universal Time) und ist in der Astronomie sehr verbreitet.

Im Gegensatz zur gekürzten Fassung bietet diese Version weitere Vorteile: Zum einen erfolgt die Ausgabe des Datums normiert, d.h. es werden Tag und Monat mit jeweils zwei Ziffern ausgegeben (also statt 3.5.1991 wird 03.05.1991 ausgegeben). Zum anderen wird überprüft, ob das Datum im erlaubten Bereich vom 1.1.1600 bis 31.12.9999 liegt.

```
FUNCTION GD (JulDatum: Real): String10;     { D = 2305447.5 .. 5373483.5 }
                                            { W = 1.1.1600 .. 31.12.9999 }
CONST
  Monatstage: ARRAY [1..12] OF Integer
            = (0,31,59,90,120,151,181,212,243,273,304,334);

VAR
  DiffTage:         LongInt;
  Tag,Monat,Jahr:   Integer;
  WhileEnd:         Boolean;

FUNCTION GDX (X: Byte): String2;
VAR
  XS: STRING [2];
BEGIN
  XS := StrInt (X);
  GDX := Copy ('0'+XS,Length(XS),2);
END;

BEGIN
  IF JulDatum < 2305447.5 THEN             { 1.1.1600, 0 UT noch erlaubt }
  BEGIN
    GD := '01.01.1600';
    Exit;
  END;
  IF JulDatum >= 5373484.5 THEN            { 31.12.9999, 24 UT  }
  BEGIN                                    { nicht mehr erlaubt }
    GD := '31.12.9999';
    Exit;
  END;
  DiffTage := Trunc (JulDatum - 2305446.5);  { Löschung der Uhrzeit }
  Jahr     := 1600;                          { 0.1.1600, 0 UT }
  WhileEnd := False;
  WHILE (WhileEnd = False) AND (DiffTage > 365) DO
  BEGIN
    Inc (Jahr);
    Dec (DiffTage,365);
    IF (Jahr MOD 4=1) AND ((Jahr MOD 100<>1) OR (Jahr MOD 400=1)) THEN
    BEGIN
      Dec (DiffTage);
      IF DiffTage = 0 THEN
      BEGIN
        Dec (Jahr);
        DiffTage := 366;
        WhileEnd := True;
      END;
    END;
  END;
```

```
  Monat := 1;
  WHILE (Monat < 13) AND (DiffTage > Monatstage [Monat]) DO
  BEGIN
    IF (Monat = 2) AND (Jahr MOD 4 = 0) AND
       ((Jahr MOD 100 <> 0) OR (Jahr MOD 400 = 0)) THEN  Dec (DiffTage);
    Inc (Monat);
  END;
  Dec (Monat);

  Tag := (DiffTage) - Monatstage [Monat];
  IF (Monat = 2) AND (Jahr MOD 4 = 0) AND
     ((Jahr MOD 100 <> 0) OR (Jahr MOD 400 = 0)) THEN  Inc (Tag);

  GD := GDX (Tag) + '.' + GDX (Monat) + '.' + StrInt (Jahr);

END;
```

Nachstehendes Umrechnungsprogramm wird Ihnen nützliche Dienste leisten. Sie können beliebig lange ein Julianisches Datum eingeben und erhalten das Gregorianische Datum zurück, solange bis sie 0 eintippen.

```
PROGRAM GregorianischesDatum;

USES Dos,Crt;

TYPE
  String10: STRING [10];

VAR
  JulDatum: Real;

FUNCTION GD (JulDatum: Real): String10;
BEGIN
  ...
END;

VAR
  JulDatum: Real;

BEGIN
  REPEAT
    Write ('J.D.: ');
    ReadLn (JulDatum);
    WriteLn ('Datum: ',GD(JulDatum));
  UNTIL JulDatum = 0;
END.
```

Als Ergebnis für das J.D. 2 444 567.222 müssen Sie den 23.11.1980 erhalten.

Im Unterschied zur Berechnung des Julianischen Datums aus dem Gregorianischen Datum kann hier nicht zunächst das Jahr direkt berechnet und die sich dann ergebenden Schalttage nachträglich berücksichtigt werden. Vielmehr muß iterativ Jahr für Jahr berechnet und eventuelle Schalttage bedacht werden. Dies wird in der *WHILE*-Schleife geleistet, die bei *WhileEnd = True* endet. Ob dann tatsächlich ein Schalttag eingeschoben werden muß, hängt davon ab, ob das Datum im Januar/Februar oder im Bereich März..Dezember liegt.

Umwandlung eines Julianischen Datums (z.B. 2 448 543 .25) in eine Uhrzeit (z.B. 18:0:0). Das Julianische Datum beginnt um 12 Uhr Weltzeit (UT = Universal Time), so daß ein 0.25 Tage genau sechs Stunden später liegt, also um 18 Uhr Weltzeit (= 19 Uhr MEZ).

```
FUNCTION UT (JulDatum: Real): String8;

VAR
  X:        Real;
  Stunde:   Byte;
  Minute:   Byte;
  Sekunde:  Byte;

BEGIN

  X       := Frac (JulDatum + 0.5) * 24;
  Stunde  := Trunc (X);
  X       := Frac (X) * 60;
  Minute  := Trunc (X);
  X       := Frac (X) * 60;
  Sekunde := Round (X);

  UT  := Stunde + ':' + Minute + ':' + Sekunde;

END;
```

Geben Sie folgende Zeilen ein. Sie berechnen Ihnen fortlaufend die Uhrzeit aus einem einzugebenden Julianischen Datum. Die Uhrzeit wird in Weltzeit (UT) ausgegeben. Das Programm wird abgebrochen, wenn Sie 0 eintippen.

```
PROGRAM Uhrzeit;

USES Dos,Crt;

TYPE
  String8 = STRING [8];

VAR
  JulDatum: Real;

FUNCTION UT (JD: Real): String8;
BEGIN
  ...
END;

BEGIN
  REPEAT
    Write ('J.D.: ');
    ReadLn (JulDatum);
    WriteLn ('Uhrzeit: ',UT(JulDatum),' UT');
  UNTIL JulDatum = 0;
END.
```

Als Ergebnis für J.D. 2 444 567.222 müssen Sie 17:19:41 (UT) erhalten. Bei J.D. 0.62784 müssen Sie 3:4:5 (= $3^h4^m5^s$ UT) erhalten.

Die Funktion *Frac* schneidet den Vorkommateil ab und übergibt den Nachkommateil der Zahl an die links stehende Variable X. Die Funktion *Trunc* übergibt den (ganzzahligen) Vorkommateil an die links stehende Variable (Stunde, Minute). Die Funktion *Round* rundet die verbleibende Zahl und übergibt den gerundeten Wert an die Variable Sekunde.

Umwandlung eines Julianischen Datums (z.B. 2 448 543 .375) in eine Uhrzeit (z.B. 21:00:00). Das Julianische Datum beginnt um 12 Uhr Weltzeit (UT = Universal Time), so daß ein 0.375 Tage genau neun Stunden später liegt, also um 21 Uhr Weltzeit (= 22 Uhr MEZ).

Im Gegensatz zur gekürzten Fassung bietet diese Version weitere Vorteile: Zum einen erfolgt die Ausgabe der Uhrzeit normiert, das heißt es werden Stunden, Minuten und Sekunden mit jeweils zwei Ziffern ausgegeben (also statt 3:4:5 wird 03:04:05 ausgegeben). Zum anderen wird überprüft, daß die Uhrzeit aufgrund der Rundung nicht den Wert HH:MM:60 (60 sec) annimmt. In diesem Fall müssen die Sekunden auf Null gesetzt und die Minuten um eine erhöht werden. Werden diese hierbei auch 60, dann müssen sie auch auf Null gesetzt und die Stunden um eine erhöht werden. Werden diese hierbei 24, dann müßte eigentlich der Tag um einen erhöht werden. Da dies aber im Rahmen dieser Uhrzeit-Funktion nicht möglich ist, wird die Uhrzeit auf 23:59:59 zurückgesetzt.

```
FUNCTION UT (JulDatum: Real): String8;
VAR
  X:       Real;
  Stunde:  Byte;
  Minute:  Byte;
  Sekunde: Byte;

FUNCTION UTX (X: Byte): String2;
VAR
  XS: STRING [2];
BEGIN
  XS := StrInt (X);
  UTX := Copy ('0'+XS,Length(XS),2);
END;

BEGIN
  X       := Frac (JulDatum + 0.5) * 24;
  Stunde  := Trunc (X);
  X       := Frac (X) * 60;
  Minute  := Trunc (X);
  X       := Frac (X) * 60;
  Sekunde := Round (X);
  IF Sekunde = 60 THEN
  BEGIN
    Dec (Sekunde,60);
    Inc (Minute);
    IF Minute = 60 THEN
    BEGIN
      Dec (Minute,60);
      Inc (Stunde);
      IF Stunde = 24 THEN      { Uhrzeit wieder auf »falschen« Wert      }
      BEGIN                    { zurücksetzen, da bei Wechsel auf 0:0:0 }
        Stunde  := 23;         { auch der Tag korrigiert werden müßte.  }
        Minute  := 59;
        Sekunde := 59;
      END;
    END;
  END;
  UT  := UTX (Stunde) + ':' + UTX (Minute) + ':' + UTX (Sekunde);
END;
```

Tippen Sie nachstehendes Programm ein. Es berechnet Ihnen fortlaufend die Uhrzeit aus einem eingegebenen Julianischen Datum. Die Uhrzeit wird in Weltzeit (UT) ausgegeben. Das Programm wird abgebrochen, wenn Sie 0 eintippen.

```
PROGRAM Uhrzeit;

USES Dos,Crt;

TYPE
  String8 = STRING [8];

VAR
  JulDatum: Real;

FUNCTION UT (JD: Real): String8;
BEGIN
  ...
END;

BEGIN
  REPEAT
    Write ('J.D.: ');
    ReadLn (JulDatum);
    WriteLn ('Uhrzeit: ',UT(JulDatum),' UT');
  UNTIL JulDatum = 0;
END.
```

Als Ergebnis für J.D. 2 444 567.777 müssen Sie 06:38:53 (UT) erhalten. Bei J.D. 0.62784 müssen Sie 03:04:05 (= $03^h04^m05^s$ UT) erhalten.

Testen Sie auch die glatten Werte wie 0.25, 0.5 und 0.75. Sie müßten dann 18:00:00 Uhr, 00:00:00 Uhr und 06:00:00 Uhr erhalten.

Die Funktion *Frac* schneidet den Vorkommateil ab und übergibt den Nachkommateil der Zahl an die links stehende Variable X. Die Funktion *Trunc* übergibt den (ganzzahligen) Vorkommateil an die links stehende Variable (Stunde, Minute). Die Funktion *Round* rundet die verbleibende Zahl und übergibt den gerundeten Wert an die Variable Sekunde.

Berechnung des zu einem bestimmten Julianischen Datum gehörenden Wochentages (So, Mo, Di, Mi, Do, Fr, Sa).

```
FUNCTION WoTag (JulDatum: Real): String2;   { D = 2305447.5 .. 5373483.5 }
                                            { W = So Mo Di Mi Do Fr Sa }
CONST
  Wochentag: ARRAY [0..6] OF String[2] =
             ('So','Mo','Di','Mi','Do','Fr','Sa');

VAR
  X: LongInt;

BEGIN
  IF JulDatum >= 2305448.5 THEN
  BEGIN
    X := Trunc (JulDatum - 2305448.5) MOD 7;
    WoTag := Wochentag [X];
  END
  ELSE  WoTag := '**';
END;
```

Mit folgendem Programm können Sie zu jedem Julianischen Datum das zugehörige Gregorianische Datum und den Wochentag bestimmen:

```
PROGRAM GregDatumMitWochentag;

USES Dos,Crt;

TYPE
  String2  = STRING [2];
  String10 = STRING [10];

VAR
  JulDatum: Real;

FUNCTION WoTag (JD: Real): String2;
BEGIN
  ...
END;

FUNCTION GD (JulDatum: Real): String10;
BEGIN
  ...
END;

BEGIN
  REPEAT
    Write ('J.D.: ');
    ReadLn (JulDatum);
    WriteLn (WoTag(JulDatum),', den ',GD(JulDatum));
  UNTIL JulDatum = 0;
END.
```

Wenn Sie zum Beispiel das Julianische Datum 2 456 789 eingeben, dann müßten Sie folgende Anzeige erhalten: So, den 11.05.2014.

Sie können natürlich als Wochentage auch die Vollschreibweise (Sonntag, Montag, Dienstag, Mittwoch, Donnerstag, Freitag, Samstag) wählen. Dazu müssen Sie als Typ *String[10]* wählen.

Falls das Julianische Datum vor dem 1.1.1600 liegt, wird kein Wochentag ausgegeben, sondern nur ** Im Falle der Vollschreibweise sollten Sie hier ********** ausgeben.

Für viele Zwecke in der Zeitrechnung und insbesondere in der Astronomie ist es sehr nützlich, die Uhrzeit als durchgehend gezählte Sekunden zu kennen. Diese Funktion berechnet aus einer Uhrzeit (z.B. 17:24:55) die Anzahl der Sekunden seit 0 Uhr.

```
FUNCTION Sec (Uhrzeit: String8): LongInt;

VAR
  Stunde:   LongInt;
  Minute:   Word;
  Sekunde:  Byte;
  RestZeit: STRING [8];

BEGIN

  Stunde  := Abs (IWert (Uhrzeit ,RestZeit));
  Minute  := Abs (IWert (RestZeit,RestZeit));
  Sekunde := Abs (IWert (RestZeit,RestZeit));

  Sec := Stunde * 3600 + Minute * 60 + Sekunde;

END;
```

Wie immer ist ein kleines Umrechnungsprogramm von großem Nutzen. Das Programm wird abgebrochen, wenn Sie als Uhrzeit 0:0:0 eingeben.

```
PROGRAM Sekunden;

USES Dos,Crt;

TYPE
  String8  = STRING [8];

VAR
  Uhrzeit: String8;

FUNCTION Sec (Uhrzeit: String8): LongInt;
BEGIN
  ...
END;

BEGIN
  REPEAT
    Write ('Uhrzeit: ');
    ReadLn (Uhrzeit);
    WriteLn ('Anzahl der Sekunden: ',Sec(Uhrzeit));
  UNTIL Uhrzeit = '0:0:0';
END.
```

Nähere Informationen zur Funktion *IWert* können Sie im Rezept T.3 nachlesen.

STICHWORTREGISTER

S

T

U

V

W

Z